750kV 输电线路故障与异常典型案例分析

国家电网有限公司西北分部
国 网 陕 西 省 电 力 公 司 组编

中国电力出版社
CHINA ELECTRIC POWER PRESS

内 容 提 要

750kV 输电线路作为西北五省电网的骨干网架，是“西电东送”的重要通道之一，各运维单位经过十余年的运行，在 750kV 输电线路方面积累了大量经验。为进一步提高输电线路运维工作质量，同时为各级人员提供一定参考，编委会组织专家对 750kV 输电线路发生的异常和故障进行了全面深入的剖析和总结，选取代表性案例作为素材，最终形成本书。

本书精选了近年来我国西北电网部分 750kV 输电线路故障与异常的典型案例并进行了详细分析。全书共分两部分，第一部分从大风、雷击、污闪、外力破坏、覆冰原因及其他原因等方面对 750kV 输电线路故障典型案例进行了分析；第二部分从设计、施工、地质原因及气象原因等方面对 750kV 输电线路异常典型案例进行了分析。本书图文并茂，方便读者更好地理解；同时在案例分析过程中插入了部分与案例相关专业知识的延伸阅读，有助于读者通过案例获取最多的相关知识。

本书既可供从事输电线路运行维护和管理工作的各级人员学习使用，还可作为从事输电运维工作新员工的培训用书，也可供大专院校相关专业广大师生阅读参考。

图书在版编目（CIP）数据

750kV 输电线路故障与异常典型案例分析/国家电网有限公司西北分部，国网陕西省电力公司组编. —北京：中国电力出版社，2019.8

ISBN 978-7-5198-3409-8

Ⅰ. ①7… Ⅱ. ①国… ②国… Ⅲ. ①输电线路–故障诊断–案例 Ⅳ. ①TM726

中国版本图书馆 CIP 数据核字（2019）第 138766 号

出版发行：中国电力出版社
地　　址：北京市东城区北京站西街 19 号（邮政编码 100005）
网　　址：http://www.cepp.sgcc.com.cn
责任编辑：罗翠兰
责任校对：黄　蓓　郝军燕
装帧设计：左　铭
责任印制：石　雷

印　　刷：三河市百盛印装有限公司
版　　次：2019 年 8 月第一版
印　　次：2019 年 8 月北京第一次印刷
开　　本：710 毫米×1000 毫米　16 开本
印　　张：15.25
字　　数：262 千字
印　　数：0001—1500 册
定　　价：75.00 元

随着我国国民经济的高速发展，电网规模也处于快速发展中，整个社会对电力供应的需求和依赖性也越来越强，国家对电力系统的稳定性和安全性提出更高的要求。如何做好输电线路运维工作是电网企业面临的主要任务。输电线路设备缺陷和故障是影响电网安全的主要因素，及时发现问题、有效处理问题是提升线路运维工作成效的关键。针对运维工作中需要准确、高效地查找并确定故障原因的实际需求，特编写此书，以给各级运维人员和管理人员在实际工作中提供参考和帮助，不断提高电网安全稳定运行能力。

本书的750kV输电线路典型故障与异常（包括缺陷和隐患）案例是来自国网陕西省电力公司、国网甘肃省电力公司、国网青海省电力公司、国网宁夏电力有限公司、国网新疆电力有限公司五个电力公司750kV输电线路运维工作中发现的实际问题。编者精心挑选出具有代表性的案例，按照大风、雷击、污闪、外力破坏、覆冰原因及其他原因6种故障类型，设计、施工、地质原因及气象原因4类异常类型进行归类整理。采用图文并茂的形式，深入分析了750kV输电线路实际运维工作中存在的典型故障和异常，并在每个章节列举了常用或常见的防治措施，为运维和管理人员分析处置线路故障和异常时提供参考。为了方便读者，尤其是从事输电线路运维工作的新员工通过案例获取更多的相关知识，更好地理解各个案例及防治措施，本书在案例分析过程中插入了部分与案例相关的专业知识的延伸阅读。

本书编写过程中，由国网陕西省电力公司负责第 2、第 8 章编写以及全书统稿，国网甘肃省电力公司负责第 1、第 4、第 7 章编写，国网青海省电力公司负责第 3、第 6、第 9 章的编写，国网宁夏电力有限公司负责第 10 章的编写，国网新疆电力公司负责第 5 章的编写。

本书编写过程中得到国家电网有限公司西北分部和陕西、甘肃、青海、宁夏、新疆五省（自治区）电力公司各级领导、专家的大力支持，其中凝聚了各级运维人员、管理人员的辛勤汗水，他们在百忙中对本书的编写提出了宝贵的意见或建议，在此对参与故障与异常分析及图片采集工作的各位同人表示感谢。

由于编者水平所限，书本不足或疏漏在所难免，恳请广大读者提出宝贵的意见和建议。

编　者

2019 年 5 月

目 录

第一部分

线路故障典型案例分析

第1章 大 风 原 因

【1-1】大风导致相间短路故障

1 故障基本情况

1.1 故障信息

2016年4月16日22时7分，750kV××线故障跳闸，重合不成功。故障测距：距A站165.2km，相别AB相。

1.2 故障区段情况

根据保护测距，初步分析故障区段为267～293号。经查线路设计文件，线路设计最大风速30m/s、最高温度40℃、雷暴日数40日、最大覆冰10mm、海拔1214～2697m，导线采用6×LGJ-400/50型钢芯铝绞线，6根导线呈正六边形布置，分裂间距400mm，地线一侧采用OPGW-145光缆，另一侧采用JLB20A-150铝包钢绞线。

2 故障现场调查

2.1 故障点情况

2016年4月17日，故障巡视人员发现280号大号侧约200m处右上相（A相）、右中相（B相）均有明显放电灼伤痕迹，且右中相第四个间隔棒被灼伤损坏。导线放电点如图1-1-1所示，上相导线灼伤痕迹如图1-1-2所示，间隔

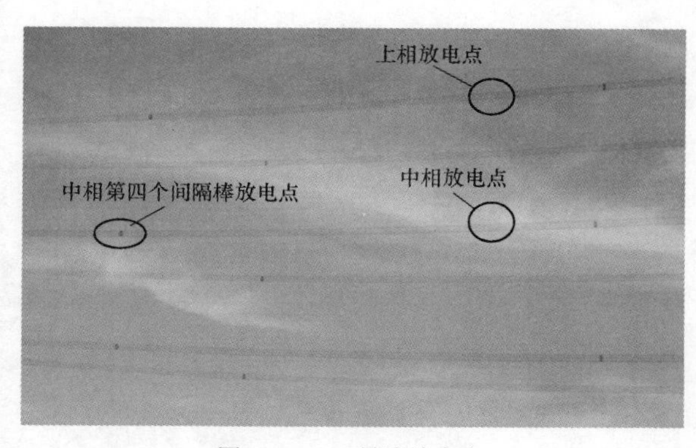

图1-1-1 导线放电点

棒损坏情况如图 1－1－3 所示。

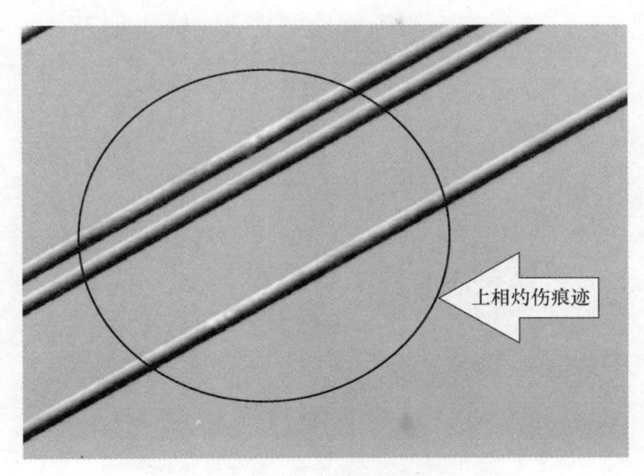

图 1－1－2　上相导线灼伤痕迹

图 1－1－3　280～281 号中相第四个间隔棒烧伤损坏情况

2.2　故障塔位运行工况

故障杆塔 280 号、281 号均为同塔双回路直线塔，280 号塔型：ZGU325，呼高 42m，全高 80.2m；281 号塔型：ZGU225，呼高 45m，全高 80.2m，280～281 号档距 616m。导线相间距离及弧垂测量结果为：上相导线弧垂弛度 25.6m，中相导线弧垂弛度 25.68m，计算导线标准弛度 25.69m，符合规程规范要求，上相与中相之间的距离为 17.8m。

故障杆塔位于大山上，大山呈东西走向，线路位于半山上，为东西走向，280 号、281 号两座铁塔分别在两个独立的山头上，线路右侧为连绵起伏的高山，山型呈簸箕状，为垭口形微地形，档内跨沟，无高大树木等跨越物。280～281号通道状况如图 1－1－4 所示，其断面图如图 1－1－5 所示。

图 1－1－4　280～281 号通道状况

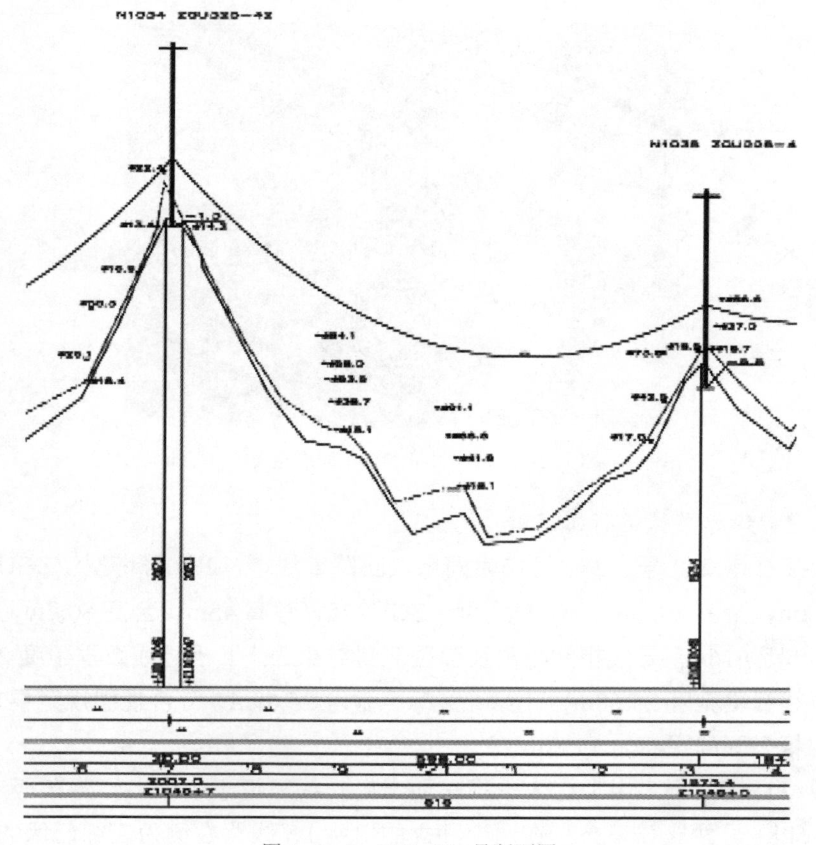

图 1－1－5　280～281 号断面图

3　原因分析

3.1　分析过程

2016 年 4 月 16 日，故障线路所在地出现大范围的强对流、大风、雨夹雪并伴有沙尘天气，故障杆塔所在地天气情况如图 1－1－6 所示；280～281 号地形状况如图 1－1－7 所示。

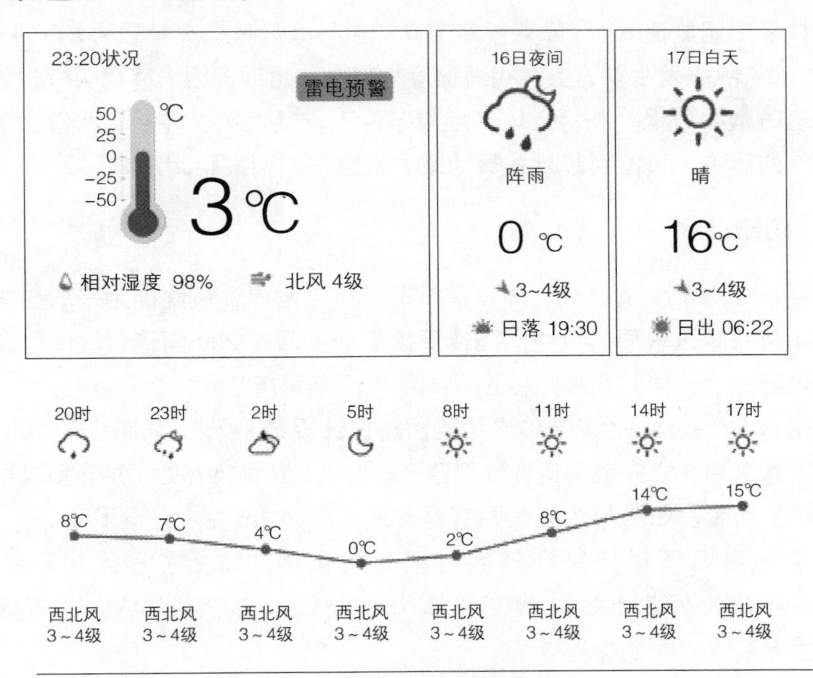

图 1－1－6　故障杆塔所在地天气情况

图 1－1－7　280～281 号地形状况

故障杆塔 280～281 号通道内无外力破坏和其他异物痕迹，经现场调研，走访群众得知，故障发生时间，附近村民在家中听见有巨响，并伴有较大火光，类似巨大雷声。

3.2 分析结论

此次线路跳闸故障的主要原因为大风、降温强对流天气引起，最大风速和发生重现期未超设计标准。根据气象观测数据并结合现场调查，本次天气过程未在导线形成明显覆冰。故障点线路走向和主导大风风向夹角较大，达到 80°～85°。故障点故障发生前，空气相对湿度均较大，出现降温、降雨天气过程，可能出现短时覆冰过程。在特定地形地貌条件下，受大风、降温、冰雹、雨雪强对流天气的影响，可能引起导线舞动或大幅摇摆，引发相间短路。

4 防治措施

根据本案例发生情况及现场设备情况，综合考虑，最终确定采取措施为防舞改造。将故障区段原子导线间隔棒更换为线夹回转式间隔棒；故障区段安装双摆防舞器 5 个；同时在故障档装设 5 组相间间隔棒。

根据 Q/GDW 1829《架空输电线路防舞设计规范》要求，档距小于 700m 时，双摆防舞器采用 3 点布置原则，分别置于 2/9L、1/2L、7/9L 处，并分别以这 3 点为中心对称布置。每处每个双摆防舞器安装间距为 7m 左右。

双摆防舞器质量控制在档内导线总质量的 7%左右。线路导线采用 6×LGJ－400/50 钢芯铝绞线，单位线重 1551kg/km，该档线重约为 5790kg，每相子导线需装设双摆防舞器 5 个。

根据《架空输电线路防舞设计规范》要求，双回输电线路相间间隔棒布置方法见表 1－1－1。

表 1－1－1 双回输电线路相间间隔棒布置方法

档距（m）	数量（只）	布置位置（m）（与小号侧的距离）	
		上相—中相	中相—下相
$L\leqslant 300$	2	$\frac{1}{3}L$	$\frac{2}{3}L$
$300<L\leqslant 500$	3	$\frac{1}{4}L$、$\frac{3}{4}L$	$\frac{1}{2}L$
$500<L\leqslant 800$	5	$\frac{2}{9}L$、$\frac{1}{2}L$、$\frac{7}{9}L$	$\frac{2}{5}L$、$\frac{3}{5}L$
$L>800$	7	$\frac{1}{7}L$、$\frac{2}{5}L$、$\frac{3}{5}L$、$\frac{7}{8}L$	$\frac{1}{4}L$、$\frac{1}{2}L$、$\frac{3}{4}L$

【1-2】大风导致风偏短路故障

1 故障基本情况

1.1 故障信息

2016年5月16日21时40～49分，750kV××线路先后三次故障跳闸，选相均为A相，重合闸动作，第一、二次重合成功，第三次重合不成功。距A站保护测距168.8km，距B站保护测距28.5km。设备故障跳闸基本情况详见表1-2-1。

表1-2-1 设备故障跳闸基本情况

电压等级（kV）	线路名称	跳闸发生时间	故障相别（或极性）	重合闸/再启动保护装置情况	强送电情况		故障时负荷（MW）	备注
					强送时间	强送是否成功		
750	××线	2016年5月16日21时40分	A相	重合成功	16日23时17分	是	12	
		2016年5月16日21时41分	A相	重合成功			—	
		2016年5月16日21时49分	A相	重合闸不成功			—	

1.2 故障区段情况

根据保护测距，初步分析故障区段为355～361号塔，该段线路位于喀什地区巴楚县境内，走向为东北—西南。该区段线路设计最大风速30m/s，塔型均为ZB-1。导线采用LGJK-310/50型钢芯铝绞线，子导线呈六分裂布置，分裂间距400mm。地线采用JLB20A-100型铝包钢绞线，分段绝缘，单点接地。直线塔边相采用单Ⅰ型绝缘子串FXBW-750/210型复合绝缘子，中相采用单V型绝缘子串FXBW-750/210-G型复合绝缘子；耐张绝缘子为双串瓷质绝缘子。故障区段海拔高度为1110～1120m，地形为戈壁平原。故障区段基本情况详见表1-2-2。

表 1-2-2 故障区段基本情况

起始塔号	终点塔号	投运时间	全长（km）	故障区段长度（km）	
××线 355 号	××线 355 号	2013 年 11 月 2 日	192.722	耐张段 346～358 号	5.524
设计气象区	设计风速（m/s）	故障杆塔号	故障杆塔型号	呼高（m）	转角度数（°）
大风区	30	355 号	ZB1	38	0
导线（或跳线）型号（含分裂数）	地线型号	串型及并联串数		绝缘配合	
		边相	中相	边相	中相
LGJK-310/50	GJ-100	单 I 串	单 V 串	1×FXBW-750/210	2×FXBW-750/210-G

2 故障现场调查

2.1 故障点情况

2016 年 5 月 17 日白天故障排查情况：以 354 号塔为中心向两侧展开逐基登塔检查。发现 355 号塔的 A 相（右相）导线和塔头右上曲臂塔材上均有明显的放电痕迹，355 号塔型为 ZB1-38 型；走访线路附近村民了解，355 号塔附近发生放电巨响，判定为本次故障点。355 号塔 A 相小号左中子导线放电痕迹如图 1-2-1 所示；355 号塔 A 侧放电痕迹如图 1-2-2 所示；355 号塔全塔如图 1-2-3 所示；355 号塔大号侧地形如图 1-2-4 所示；355 号断面图如图 1-2-5 所示；线路走径图如图 1-2-6 所示；5 月 16 日白天现场照片如图 1-2-7 所示；5 月 16 日夜间巡视照片如图 1-2-8 所示。

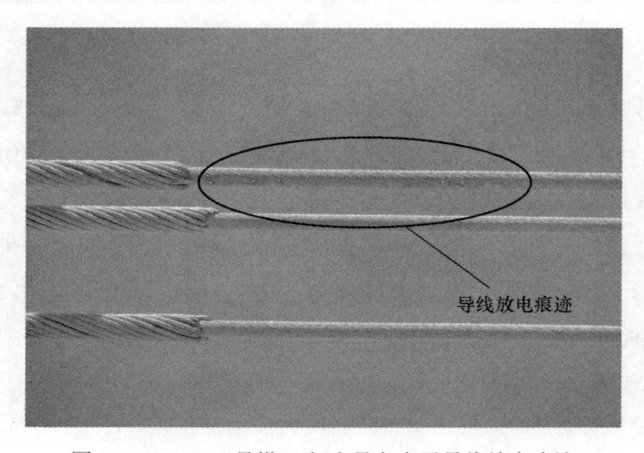

图 1-2-1 355 号塔 A 相小号左中子导线放电痕迹

图 1-2-2 355 号塔 A 相侧 429H 材放电痕迹

图 1-2-3 355 号塔全塔

图 1-2-4 355 号塔大号侧地形

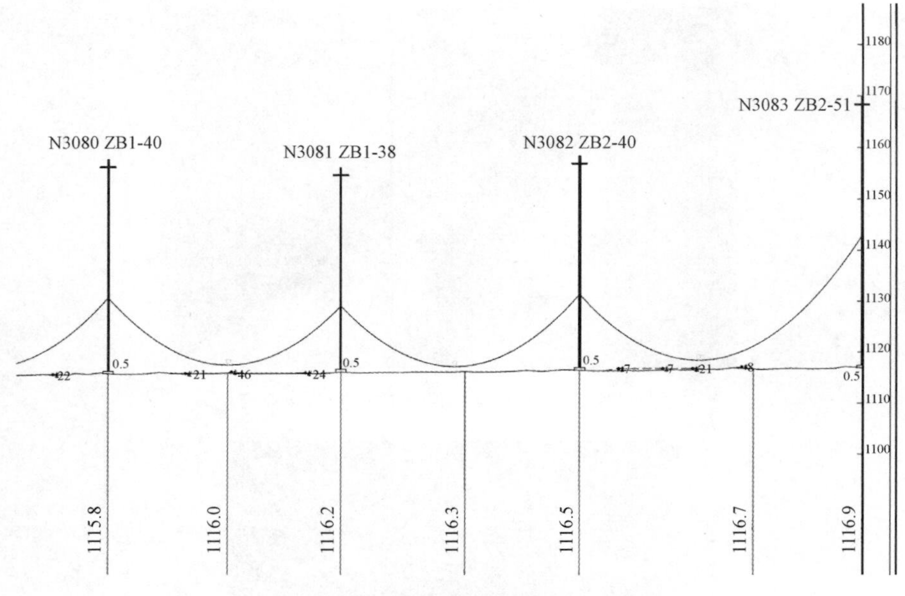

图 1-2-5　355 号断面图

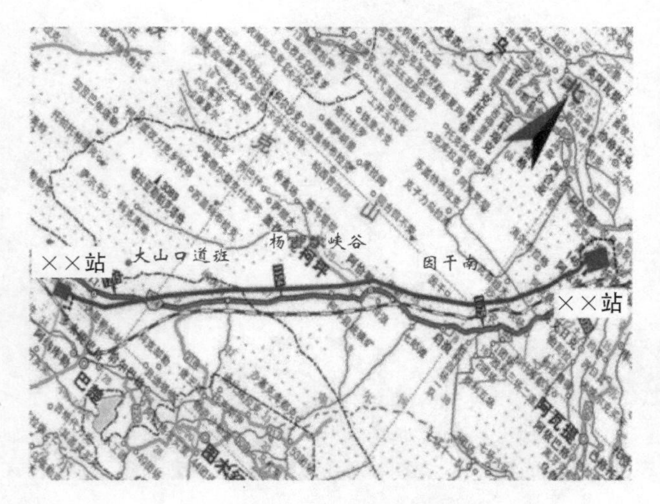

图 1-2-6　线路走径图

图 1-2-7　5 月 16 日白天现场照片

2.2　故障塔位运行工况

该线路全线单回架设，355 号塔位于喀什巴楚县境内，现场地形为戈壁平原，档距 616m，故障点导线对地垂直距离 34.2m。355 号塔塔型为 ZB1-38，呼高 38m。

图1-2-8　5月16日夜间巡视照片

2.3　故障时段天气

2016年5月16日，故障区段天气情况为：特强大风沙尘暴天气，气温在19～30℃，风向为西北风，风力12级，巴楚县为特强沙尘暴，现场最小能见度不足1m，5月16日21～23时，区域极大风速33.5m/s。故障时段，故障点所处区域的巴楚气象站在故障时段观测的气象数据见表1-2-3。

表1-2-3　故障时段天气

气象台站名称	监测时间	最大平均风速（m/s）/时距	短时大风风速（m/s）/时距	风向	气温（℃）	雨强（mm/min）	有无冰雹
巴楚气象站	21:41	—	33.5	西北	14～27	0	无

3　原因分析

根据线路故障区段周围环境及现场情况，现场地理环境为高山垭口地貌，现场瞬时风力达到33.5m/s，大风及强对流天气可能造成导线及绝缘子串向塔身侧倾斜，同时，导线－杆塔空气间隙存在的沙尘降低了空气间隙电气强度。而33.5m/s风速时，不考虑沙尘影响最大风偏角为55.1°，距离铁塔最近净空距离为1.90m，不满足海拔1700m工频电气间隙2.05m的要求。

据后期气象数据收集、周边群众反映，故障发生时，天气情况为大风沙尘。结合带电走线发现导线、塔材有明显灼伤痕迹，杆塔导线弧垂校核满足设计要求。综合故障区段的地理特征、气候特征、现场情况及保护动作情况分析线路跳闸故障为特大风引起导线和杆塔空气间隙减小，同时沙尘使得空气绝缘强度降低，综合因素造成风偏闪络。33.5m/s 风速下的风偏角情况如图 1－2－9 所示。

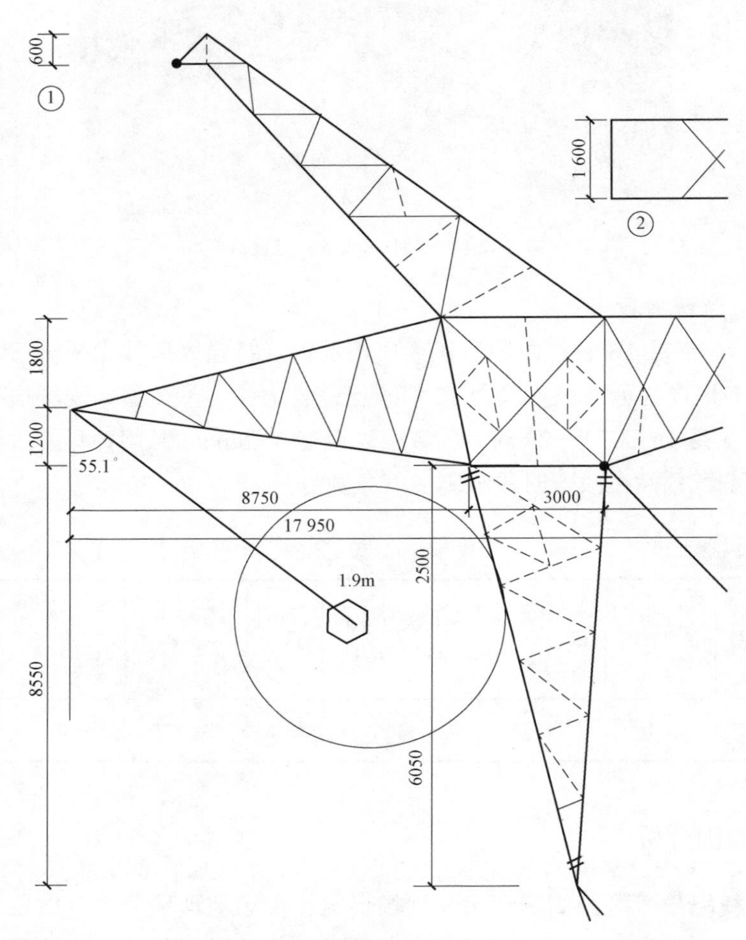

图 1－2－9 33.5m/s 风速下的风偏角

注：①当光缆、地线支架距离挂点高度；②铁塔绝缘子挂点处横担宽度。

4 防治措施

通过对现场的勘察及经济性的比较，最后决定对该故障区段安装防风拉线，防风拉线整体效果图和拉线锚线侧局部效果图分别如图 1－2－10 和图 1－2－11 所示。

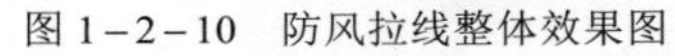

图1-2-10　防风拉线整体效果图

图1-2-11　防风拉线锚线侧局部效果图

风 偏 故 障

（1）风偏的定义：风偏是指输电线受风力的作用偏离其垂直位置的现象。其容易造成运行线路导线相间放电，导线对杆塔（塔身、横担）、边坡、树木、凸出的岩石或其他物体放电，进而导致的线路跳闸的故障。

（2）风偏故障的特点：一是发生风偏闪络的区域均有强风且多数情况下伴有暴雨或冰雹；二是直线杆塔发生风偏跳闸居多，耐张杆塔相对较少；三是风偏故障的放电部位多在塔头及跨越物上，杆塔上放电点均有明显电弧烧痕，放电路径清晰，故障点查找较为容易；四是绝大多数风偏闪络均发生于线路工作电压下，一旦发生风偏跳闸，其重合成功率较低，造成线路停运的几率比较大。

（3）风偏故障影响因素：影响风偏故障发生的原因很多，在建立风偏角计算模型时要充分考虑风速、风向与导线轴向夹角、风压不均匀系数、风压高度变化系数、档距、导线型号及分裂数、导线应力、导线悬挂高度、塔头尺寸以及绝缘子串重量等因素。

微风振动、舞动与次档距振荡

1. 微风振动

微风振动是在风速不大的情况下产生的垂直平面内的高频低辐的振动现象。当架空导线受到风速为0.5～8m/s稳定的横向均匀风力作用时，在导线的背面将产生上下交替变化的气流旋涡（又称卡门旋涡），该涡流的依次出现和脱离使导线在垂直平面内激烈振动。当这个交变的激励频率与导线的固有频率相等时，导线将在垂直平面上发生谐振，形成有规律的一上一下波浪状的往复运动，即微风振动。

微风振动是所引起的线路疲劳断股等事故，需要有一个累积时间和过程。一般发现危害是在产生疲劳断股或防振器毁坏脱落之后，而这时线路危害较重。同时微风振动产生的破坏有一定的隐蔽性。疲劳断股有时会从导、地线内层开始，从导线外部发现不了，这给巡线工作造成假象。

2. 舞动

舞动是指由水平方向的风对非对称截面线条所产生的升力而引起的一种低频（频率在0.1～3Hz）、大振幅（振幅为导线直径的5～300倍，可达10m）的自激振动。

舞动与电压等级关系不大，各种电压等级的线路上均发生过舞动。其引起跳闸的次数较多，与覆冰厚度没有显著的相关性，与地形、档距、导线直径及导线张力有一定的关系。

舞动使杆塔产生很大的动荷载，危及杆塔及导线的安全。舞动严重时，塔身摇晃、耐张塔横担顺线摆动、扭曲变形、近塔身处联结螺栓会松动、损坏、脱落等。舞动可使导线相间距离缩短或碰撞而产生闪络烧伤导线，并引起跳闸。舞动会使金具及部件受损，如间隔棒握线夹头部松动或折断，造成间隔棒掉落；悬垂线夹船体移动，联结螺栓松动、损坏、脱落，防振金具钢线疲劳、锤头掉落等。

3. 次档距振荡

次档距振荡是在采用分裂导线的线路，在较大风（风速$v=7～20$m/s）的情况下发生的两间隔棒之间的子导线剧烈振荡甚至鞭击的现象。

次档距振荡振幅、频率介于微风振动和舞动之间，一般发生在水平面上，呈椭圆形轨迹。次档距振荡会造成同相子导线互相鞭击，使导线碰伤，进而造成阻尼性能差的间隔棒松动、脱落或破断，甚至造成导线断股、短路等恶性事故，严重威胁架空导线及金具的运行寿命。

【1－3】大风导致直线塔V型绝缘子串掉串故障

1 故障基本情况

1.1 故障信息

2010年3月29日4时20分，750kV××线跳闸，选相均为A相，三次重合不成功。距A变电站保护测距143.3km，距B变电站保护测距37.25km。设备故障跳闸基本情况详见表1－3－1。

表1－3－1 设备故障跳闸基本情况

电压等级（kV）	线路名称	跳闸发生时间	故障相别（或极性）	重合闸/再启动保护装置情况	强送电情况		故障时负荷（MW）	备注
					强送时间	强送是否成功		
750	××线	2010年3月29日4时20分	A相	重合不成功	30日07时17分	否	—	
		2010年3月29日4时22分	A相	重合不成功			—	
		2010年3月29日4时43分	A相	重合不成功			—	

1.2 故障区段情况

根据保护测距，初步分析故障区段为322～328号塔，该段线路位于吐鲁番市十三间房，走向为西南—东北。线路设计最大风速28m/s，塔型均为ZB1。导线采用LGJK－310/50型钢芯铝绞线，子导线呈六分裂布置，分裂间距400mm；地线采用JLB20A－100型铝包钢绞线，分段绝缘，单点接地。直线塔边相采用单Ⅰ串FXBW－750/210型复合绝缘子，中相采用单V型绝缘子串2×FXBW－750/210－G型复合绝缘子；耐张绝缘子为双串瓷质绝缘子。故障区段海拔1110～1120m，地形为戈壁平原。故障区段基本情况详见表1－3－2。

表 1-3-2　　故障区段基本情况

起始塔号	终点塔号	投运时间	全长（km）	故障区段长度（km）	
1 号	417 号	2010 年 2 月 8 日	369.303	耐张段 319～330 号	7.524
设计气象区	设计风速（m/s）	故障塔号	故障塔型号	呼高（m）	转角度数（°）
大风区	28	322 号	ZB1	38	0
大风区	28	323 号	ZB1	39	0
导线型号	地线型号	串型及并联串数		绝缘配合	
6×LGJK-310/50	GJ-100	边相	中相	边相	中相
		单Ⅰ型串	单Ⅴ型串	FXBW-750/210	FXBW-750/210-G

2　故障现场调查

2.1　故障点情况

3 月 29 日白天故障排查情况：9 时 22 分，安排人员以 328 号塔为起始点开展故障巡视。经巡视发现 322 号、323 号共 2 基塔在中相 V 形绝缘子串绝缘子脱落。322 号塔型为 ZB1-38 型、323 号塔型为 ZB1-39 型；走访线路附近村民了解，323 号塔附近发生放电巨响，判定为本次故障点。322 号塔中相右串绝缘子从导线侧脱落如图 1-3-1 所示；323 号塔中相右串绝缘子从横担侧脱落如图 1-3-2 所示；322 号塔中相右串绝缘子碗头金具脱落如图 1-3-3 所示；322 号塔中相右串绝缘子脱落后球头及均压环情况如图 1-3-4 所示；故障区段线路断面图如图 1-3-5 所示。

图 1-3-1　322 号塔中相右串绝缘子从导线侧脱落

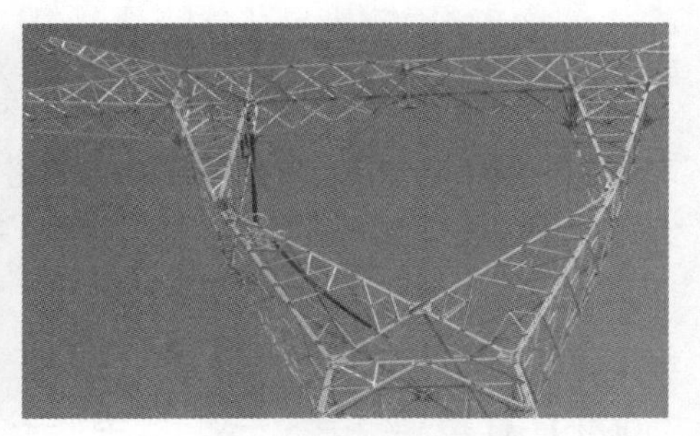

图 1-3-2　323 号塔中相右串绝缘子从横担侧脱落

图 1-3-3 322 号塔中相右串绝缘子碗头金具脱落

图 1-3-4 322 号塔中相右串绝缘子脱落后球头及均压环

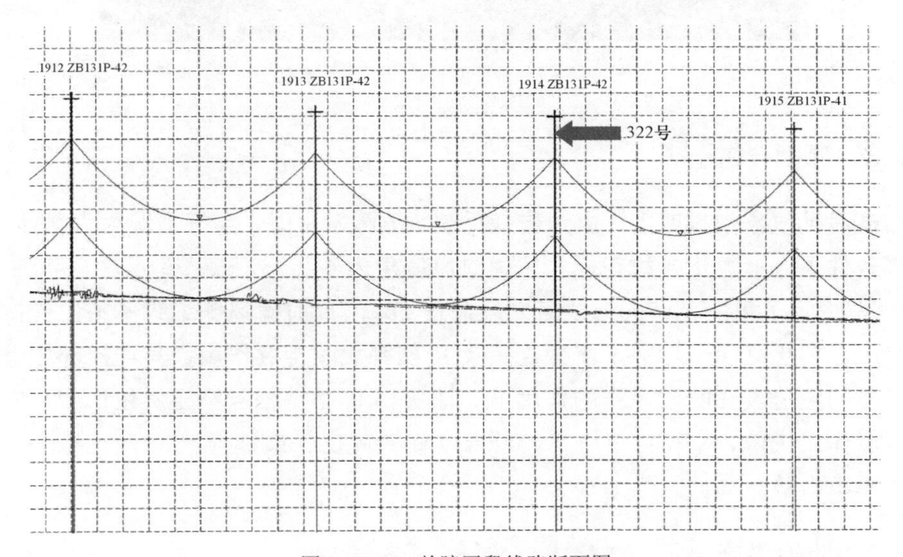

图 1-3-5 故障区段线路断面图

2.2 故障塔位运行工况

该线全线单回架设，全线为西南—东北走向，故障区段位于新疆吐鲁番市境内，海拔高度 397m 左右，地形为戈壁。气候类型为大风气候，常年主导风为西北风，常年气温在-5～43℃，年平均降水量 46mm。投运以来该线路未发生跳闸事故。

2.3 故障时段天气

故障发生后通过查询附近气象站信息，2010 年 3 月 29 日，故障区段天气情况为：特强大风沙尘暴天气，气温在 19～30℃，风向为西北风，风力 12 级，吐鲁番市为特强沙尘暴，现场最小能见度不足 1m，3 月 29 日 21～23 时，区域极大风速 33.5m/s。现场情况如图 1-3-6 所示。

图 1-3-6 新疆吐鲁番市沙尘暴来袭

3 原因分析

据后期气象数据收集、周边群众反映，故障发生时，天气情况为大风沙尘。事故条件下，计算出导线在最大风速时风偏角为 64.8°，已经超出夹角为 88.4° 的 V 型绝缘子串所允许的导线最大风偏角 56°。此时背风侧绝缘子串由受拉转为受压，由于绝缘子球头、联板碗头及 R 型销之间相互作用，其连接部位有发生变形的趋势。在脉动风压的作用下，球头和 R 型销相互挤压发生形变，R 型销限位作用失效，V 型绝缘子串的球头从碗头脱出，最终导致 V 型绝缘子串绝缘子掉串事故。

4 防治措施

V 型串掉串故障多发生在球碗连接部位，在大风作用下，背风侧复合绝缘子受挤压，引起 R 型销变形，V 型串背风侧复合绝缘子受挤压示意图如图 1-3-7 所示。

4.1 临时方案

结合现场的设计院勘察校核、改造周期及经济性的比选，决定先采取对 V 型串复合绝缘子碗头加装防脱抱箍的临时方案，防止复合绝缘子下端球头与碗头挂板脱开如图 1-3-8 所示。

改进 R 型销：适当增大 R 型销两翼张开角度。减小翼端与球窝开口直立平面间的间隙，增大球头与碗头之间的摩擦，减小掉串风险。

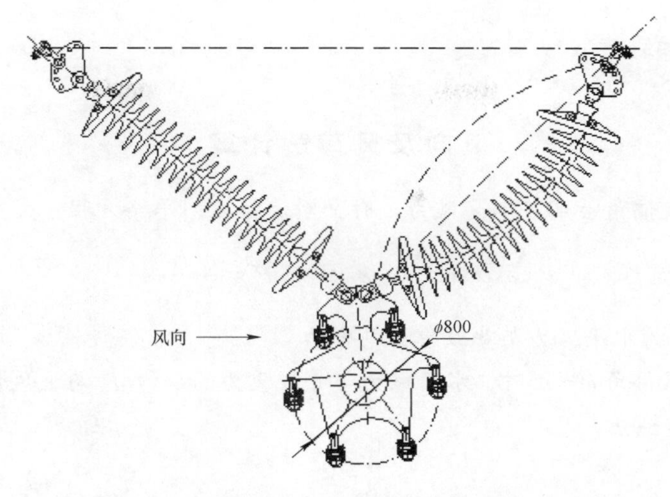

图 1-3-7　V 型绝缘子串背风侧复合绝缘子受挤压示意图

碗头外围增加抱箍：在已安装好的碗头挂板上，位于 R 型销所在断面的外围加装一个卡箍，卡箍内侧焊上舌形块和键，舌形块和键伸入碗头开口，用以自身定位、阻断球头脱出的通路和加固 R 型销。优点：治理效果明显、实施周期短、改造成本低。缺点：仅依靠加装抱箍仍无法从根本上解决问题。防脱抱箍加装效果如图 1-3-8 所示。

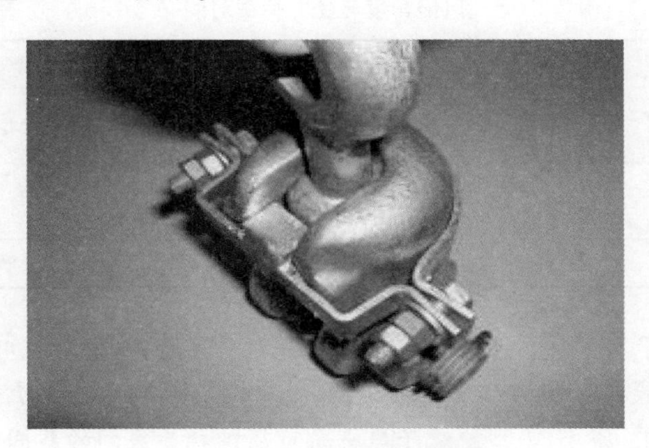

图 1-3-8　防脱抱箍加装效果图

4.2　最终方案

处于大风区段的输电线路直线塔中相复合绝缘子采取“V+I”型绝缘子串，同时对于新建线路中相 V 型串复合绝缘子采用环—环连接方式，可从根本上解决大风等恶劣天气条件下绝缘子脱落掉串问题。

延伸阅读

风向及风荷载计算

（1）当风偏角 $\varphi=0$（不受风力）时，对连接点列平衡方程：

$$P_1\cos\alpha+P_2\cos\alpha=P\Rightarrow P_2=\frac{P}{2\cos\alpha}$$

式中：P 为水平风力与导线重力的合力。

（2）当风偏角 $\varphi=\alpha$ 时，水平风力与导线重力的合力 P 与迎风侧绝缘子拉力 R 在一条直线上。

$$P_1=0$$
$$P_2=P$$

此时，背风侧绝缘子不受力，迎风侧绝缘子拉力 P_2 为合力 P。

$$P_1\sin\alpha+P_2\sin\varphi=P\sin\alpha$$
$$P_1\sin\alpha+P_2\sin\alpha=P\cos\varphi$$

通过上述风偏角受力分析，可知荷载对照见表 1－3－3。

表 1－3－3　　风偏角度与受力荷载对照

φ 与 α 的关系	P_1	P_2	绝缘子串受利情况
$\varphi=0$		$\frac{P}{2\cos\alpha}$	两个绝缘子串均受拉
$\varphi=\alpha$	0	P	绝缘子串 1 不受力，绝缘子串 2 受全部综合荷载 P
$\varphi>\alpha$			绝缘子串 1 受压，绝缘子串 2 受拉

考虑风荷载对绝缘子串摇摆的影响，应对 V 型绝缘子串夹角给予限制。通常线路三相导线按等腰倒三角形布置，则两上相导线 V 型绝缘子串夹角较小（一般在 90°以内），减小 V 型绝缘子串夹角可压缩相导线间的线间距离，但 V 型绝缘子串夹角过小，会出现单支绝缘子串较严重的受压情况。在横向风力作用下，V 型绝缘子串受力情况示意图如图 1－3－9 所示。

根据收集的大量国内外研究和设计资料，V 型绝缘子串的夹角基本在 70°～120°。绝缘子串假定为刚性的前提下进行受力分析，但绝缘子球头与碗头以及球头挂环与绝缘子钢帽之间有一定的空隙，V 型绝缘子串的迎风侧绝缘子串的最大偏角可适当增大。经与同行业交流，广东省电力设计研究院在20世纪80年代末设计V型绝缘子串时曾委托华中科技大学进行V型盘形绝缘子串受压试验研究，迎风侧绝缘子串的最大偏移增大角可以增大至15°，西南电力设计院与武汉电力高压试验研究所进行的V型复合绝缘子串受压试验研究的成果，对于夹角70°～90°的V型绝缘子串，其迎风侧绝缘子串的最大偏移增大角可以增9°～11°，按GB/T 4056—2008《绝缘子串元件的球窝连接尺寸》，其最大偏角可取9°～12°。

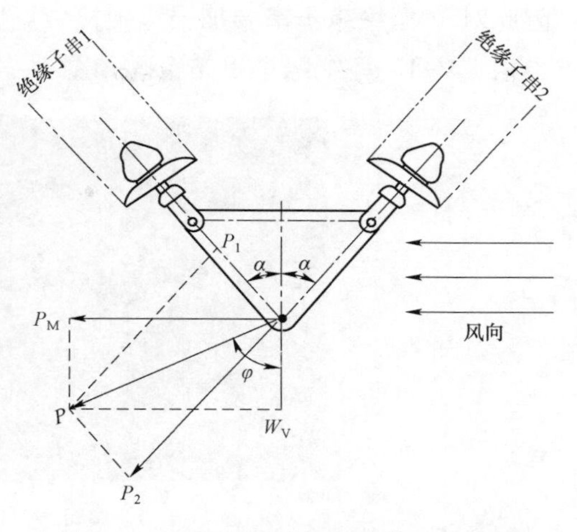

图1-3-9 V型绝缘子串受力情况示意图

导线风偏角在达到最大允许值时，V型绝缘子串出的两支绝缘子中背风侧绝缘子不受力，迎风侧绝缘子串全部受力，绝缘子所受的水平荷载和垂直荷载可按I型绝缘子串进行计算。

【1-4】常用防风措施

输电线路发生风偏放电是在强风作用下导线与杆塔间或导线与导线间的空气间隙减小，一旦这种间隙的电气绝缘强度小于系统运行电压时，很可能造成短路故障。为了更好防止风偏故障的发生，需在设计风速、设计裕度、施工安装工艺、杆塔塔头尺寸等多个方面进行加强，以有效预防输电线路风偏闪络的发生。

1 采用V型绝缘子串组合

架空输电线路发生风偏故障的杆塔塔型以直线塔为主，将直线杆塔悬垂绝缘子串改造成V型绝缘子串，可增加导线和绝缘子的横向约束，防止导线和绝缘子在强风作用下向杆塔倾斜，降低风偏故障发生的概率。V型合成绝缘子串在750kV输电线路中已得到广泛应用，防风偏效果良好。但采用V型绝缘子串也有其不足，由于局部地区大风、强对流极端天气频发，风力过大和风向的变换使V型合成绝缘子串受力不合理而损坏，导致V型绝缘子串发生掉串事故，因此对 V 型绝缘子串要加强巡视检查。优化绝缘子型式，采用防风偏绝缘子，中相“V+I”型绝缘子串布置图如图 1-4-1 所示。

图 1-4-1 中相“V+I”型绝缘子串布置图

新一代防风偏绝缘子的优点是绝缘子风偏摆动幅度小，防止导线与杆塔的电气间隙不满足要求；此外防风偏绝缘子安装可靠，充分考虑了与杆塔连接的金具，有利于后续技改工程。在费用方面，防风偏绝缘子优于瓷质绝缘子和玻璃绝缘子；在防风性能方面，不加重锤、防风拉线等防风措施的情况下，中相及外角侧的普通合成绝缘子串不能满足安全空气间隙的要求，而采用防风偏绝缘子后，即使在 40m/s 风速情况下，安全空气间隙也能满足要求。

2 加装重锤片

在悬垂绝缘子串的下方加装重锤，在抑制跳线风偏上起到了很好的作用，然而此方法效果并不十分理想，仅依靠加装重锤片仍无法从根本上解决问题，重锤安装图如图 1-4-2 所示。

图 1-4-2 重锤安装图

3　加装防风拉线

在V形合成绝缘子串及悬垂绝缘子串的下方加防风拉线，在抑制跳线风偏上起到了很好的作用，然而此方法效果并不十分理想，仅依靠加装防风拉线仍无法从根本上解决问题，750kV线路铁塔防风拉线安装示意图如图1－4－3所示。

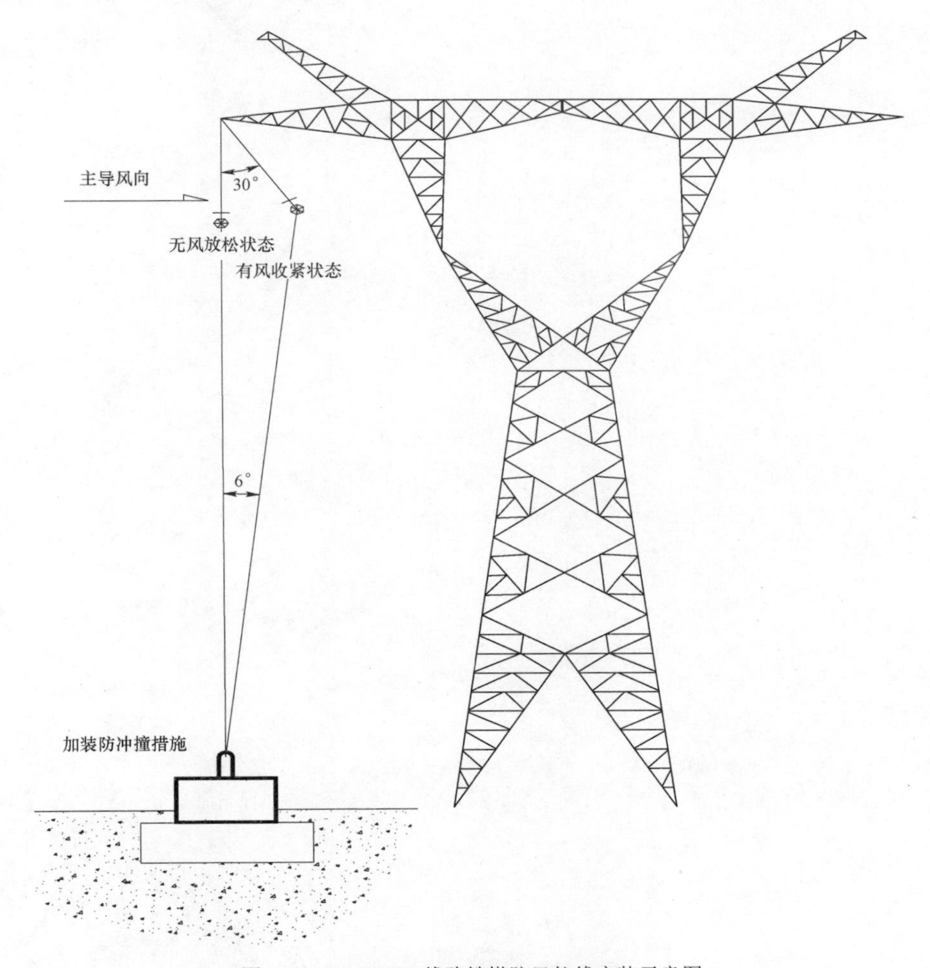

图1－4－3　750kV线路铁塔防风拉线安装示意图

4　设计时充分考虑当地风速影响

在架空输电线路设计时对当地气候条件进行深入调查收资，总结气候特点，特别是要重视微气候、微气象资料的收集和区域划分，根据实际条件适当提高局部风偏设计标准，进行风偏校验，确定杆塔的型式及塔头间隙尺寸，可有效减少风偏故障的发生。但风偏设计裕度增加太多，会大大提高设备建设成本，需要综合考虑安全、效能和成本等因素，达到架空输电线路设计的最优化。

第2章 雷击原因

【2-1】同塔双回上相绝缘子雷击闪络

1 故障基本情况

1.1 故障信息

2016年7月28日17时39分，750kV××Ⅱ线单相故障跳闸，相别B相，重合成功。故障测距：距A站194.22km，距B站76.8km。Ⅱ线与Ⅰ线共塔，位于左侧。

1.2 故障区段情况

根据保护测距，初步分析故障区段为112～139号。经查线路设计文件，发生故障区段导线型号为LGJ－500/45，子导线布置方式六分裂形式。杆塔左侧架设JLB20A－150地线，右侧架设OPGW－120光缆，OPGW采用逐塔接地方式。直线塔采用双Ⅰ串复合绝缘子，型号：FXBW－750/300；串长：8355mm；干弧距离：7150mm。故障区段平均海拔为1200～1300m，主要地形为山地，现场位置信息为山顶。气候类型为温带季风气候区，常年主导风为东北风，风速为≤20m/s，常年平均气温在9.9℃左右，年均降水量507.7mm，雷暴日27.9天。

2 故障现场调查

2.1 故障点情况

2016年8月1日，故障巡视人员发现128号B相（左上相）复合绝缘子上均压环有放电痕迹，大号侧B相导线防振锤上放电痕迹。Ⅱ线128号杆塔整体图如图2－1－1所示，128号B相绝缘子均压环放电痕迹如图2－1－2所示，大号侧B相导线防振锤放电痕迹如图2－1－3所示，128号B相防振锤、绝缘子、均压环放电通道全景图如图2－1－4所示。

2.2 故障塔位运行工况

故障杆塔128号铁塔位于独立山峁上，三面为山沟，周围地形开阔，130～131号为大跨越档，线路为南—北走向。该塔与Ⅰ线双回共塔，Ⅱ线位于左侧，导线上中下排列，故障相别是上相，杆塔接地电阻均不大于设计值15Ω，通道

图 2-1-1　Ⅱ线 128 号杆塔整体图

图 2-1-2　128 号 B 相绝缘子均压环放电痕迹

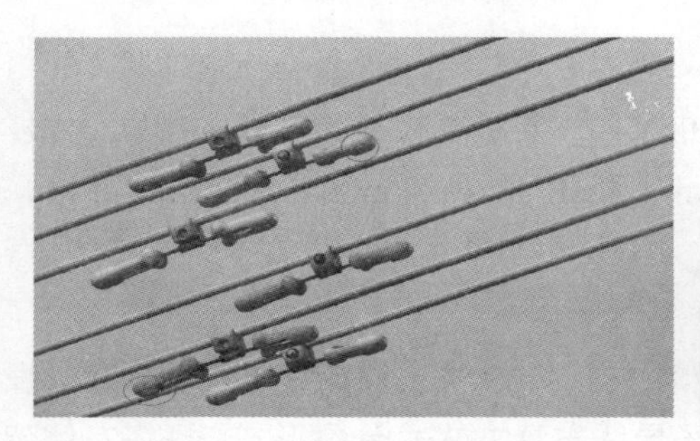

图 2-1-3　大号侧 B 相导线防振锤放电痕迹

图 2-1-4　128 号 B 相防振锤、绝缘子、均压环放电通道全景图

内全部为灌木，无高大树木，无外破及其他影响线路运行的情况，海拔为 1384m。

2.3　故障时段天气

2016 年 7 月 28 日，故障区段天气情况为雷雨天气（大雨），风力 4～5 级，气温在 8～26℃。

3　原因分析

3.1　分析过程

通过雷电智能监测系统查询，2016 年 7 月 28 日 17 时 34～44 分，该线路 110～140 号区段线路及附近地区沿线雷电活动较强，其中在 128 号杆塔周围录得雷电活动、雷电流幅值为 29.5kA，110～140 号区段落雷情况如图 2-1-5 所示。

3.2　分析结论

该段线路位于延安市黄龙县。128 号铁塔位于独立山峁上，三面为山沟，周围地形开阔，130～131 号为大跨越档，线路为南—北走向。该塔与Ⅰ线双回共塔，Ⅱ线位于左侧，导线上中下排列，故障相别是上相，可以排除外力破坏、

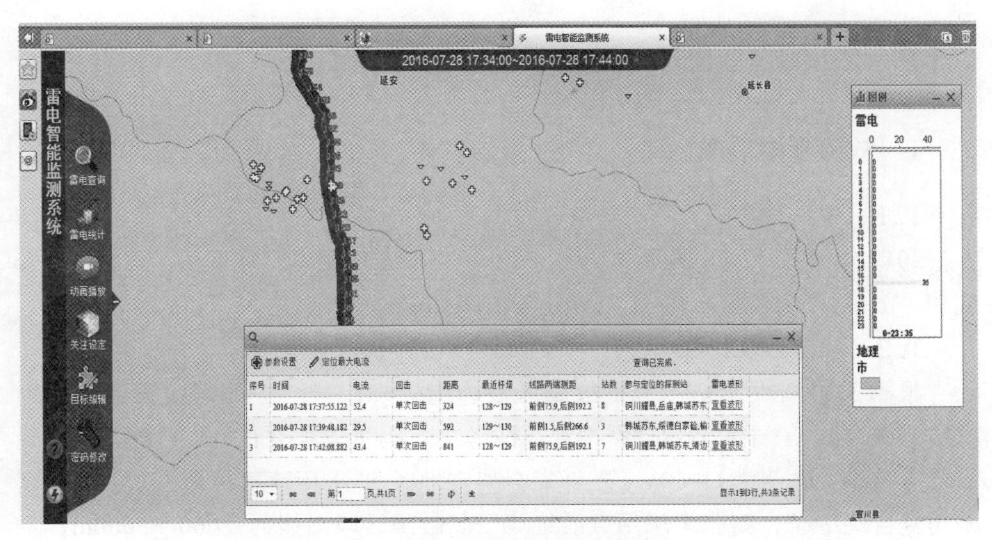

图 2-1-5 110～140 号区段落雷情况图

山火和树害的可能；绝缘子表面没有任何灼伤的痕迹，可以排除污秽闪络的可能；横担、绝缘子串、塔身等位置未发现鸟粪痕迹，可以排除鸟粪闪络的可能。故障发生时，天气情况为强雷雨天气，雷电持续 1h 左右，杆塔接地电阻满足设计要求。根据雷电定位数据及 128 号 B 相上均压环有明显烧伤痕迹，128 号 B 相导线防振锤放电痕迹，分析线路跳闸故障为雷击（绕击）闪络。

4 防治措施

该线路故障区段于 2016 年 7 月 28 日 17 时 39 分，发生 B 相（左上相）瞬时性接地故障，故障塔位 128 号，故障原因为雷击。

故障巡视中对 128 号接地电阻进行测量，均符合设计要求，故障塔接地电阻现场检测情况见表 2-1-1。接地形式为四腿接地，设计允许工频电阻值为 12Ω，根据测量数据，接地电阻满足设计要求。

表 2-1-1　　故障塔接地电阻现场检测记录

塔腿	左前腿	左后腿	右前腿	右后腿
电阻（Ω）	4.6	3.2	1.7	5.6

根据上述情况，本案例采取的措施为：结合停电，对烧伤的设备进行更换，同时和设计院沟通，在本基杆塔加装 750kV 线路型（带串联间隙）避雷器。

【2-2】同塔双回下相绝缘子雷击闪络故障

1 故障基本情况

1.1 故障信息

2017 年 8 月 12 日 18 时 17 分，750kV××线 B 相（简称下相）跳闸，重合成功。故障测距，距 A 站 41.75km，B 站 41.6km。

1.2 故障区段情况

根据保护测距，初步分析故障区段为 76～81 号。故障区段导线型号为 LGJ－500/45，子导线呈六分裂布置。杆塔左侧地线型号 JLB20A－185，分段绝缘单点接地；右侧为 OPGW（光纤复合架空地线），采用逐基接地方式。直线塔采用复合绝缘子，耐张塔采用瓷质绝缘子。故障区段海拔为 2600～3000m，主要地形为山地，现场位置信息为山顶，设计雷暴日 40 天。

2 故障现场调查

2.1 故障点情况

根据保护测距确定的故障区段，8 月 13 日 9 时 45 分巡视人员发现 76 号下相横担侧均压环、导线侧均压环、地线放电间隙处有明显放电灼伤痕迹：横担侧均压环有 1 处烧伤孔洞；导线侧均压环 1 处烧融，多处灼伤点；地线放电间隙 1 处电弧灼伤点。76 号下相横担侧均压环放电灼伤痕迹如图 2－2－1 所示，76 号下相导线侧均压环放电灼伤痕迹如图 2－2－2 所示，76 号地线放电间隙放

图 2－2－1　76 号下相横担侧均压环放电灼伤痕迹

图2-2-2 76号下相导线侧均压环放电灼伤痕迹

电灼伤痕迹如图2-2-3所示，76号下相放电通道如图2-2-4所示，76号地形地貌如图2-2-5所示。该塔采用双I串悬垂复合绝缘子，型号为FXBW-750/300，绝缘子结构高度为7150mm，干弧距离为6758mm。杆塔接地型式为四腿接地，设计允许工频电阻值为25Ω。现场对76号及临近塔位接地电阻进行测量，接地电阻值满足设计要求，接地电阻测量记录见表2-2-1。

图2-2-3 76号地线放电间隙放电灼伤痕迹

表2-2-1 接地电阻测量记录

序号	杆塔号	电阻值（Ω）				设计值	结论
		A腿	B腿	C腿	D腿		
1	75	5.52	4.68	4.63	6.58	≤20Ω	合格
2	76	4.32	4.33	4.37	4.22	≤25Ω	合格
3	77	4.65	5.76	6.4	5.61	≤20Ω	合格

图 2-2-4　76 号下相放电通道

图 2-2-5　76 号地形地貌

2.2　故障塔位运行工况

该段线路位于青海省海东市乐都寿乐镇山区，故障杆塔 76 号导线上中下排列，故障相别为左下相，平均海拔高度为 2696m，主要地形为山地，地面倾斜角为 40°，边相导线保护角为 -5°，现场位置信息为山顶。

2.3　故障时段天气

2017 年 8 月 12 日，故障区段天气情况为雷暴雨天气，风力 4～5 级，气温在 10～20℃。

3 原因分析

经走访当地群众，12 日 18 时左右出现雷暴雨天气。查询雷电定位监测系统，76 号塔附近在此时间段内出现多次落雷，其中 1 次落雷记录为 18 时 17 分 00 秒，到 76～77 号最近距离为 989m，雷电流幅值为－15.3kA，故障时间和雷电定位监测系统时间相吻合，雷电定位系统查询结果如图 2－2－6 所示。

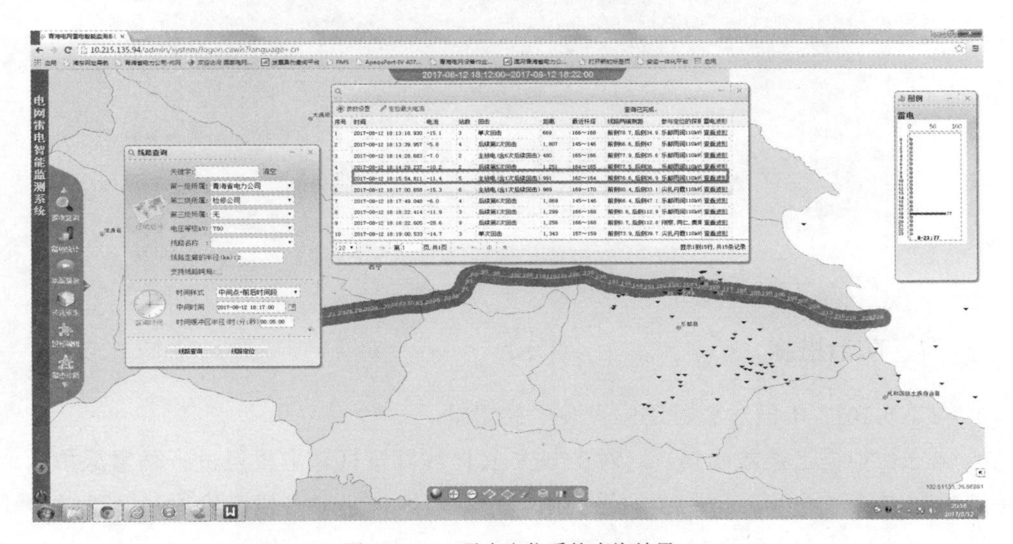

图 2－2－6 雷电定位系统查询结果

根据雷电定位系统，1 次落雷的雷电流幅值－15.3kA，雷电流相对较小，接地电阻在 4～5Ω，雷电流泄流通道良好，不足以导致杆塔电位急剧升高超过绝缘子冲击放电电压 U 的 50%造成反击，因此可排除雷电反击跳闸的可能性。

因雷击跳闸为电弧短路，即金属性或接近金属性接地，故障波形一般表现为正弦波，且持续时间相当短，几十毫秒。经查询故障录波图如图 2－2－7 所示，故障相波形表现为正弦波，故障持续时间约 52ms，与雷击故障特征相一致。

综合故障时天气、放电痕迹特征及故障塔位地形（山谷）分析判断：此次故障为雷电绕过避雷线直击在下相导线均压环附近，使导线侧电压急剧升高。当电压超过绝缘子串附近空气间隙的放电电压时，杆塔横担侧与绝缘子串间的空气间隙被击穿。因导线侧电位远高于横担侧，导线侧对横担放电，引起线路跳闸。

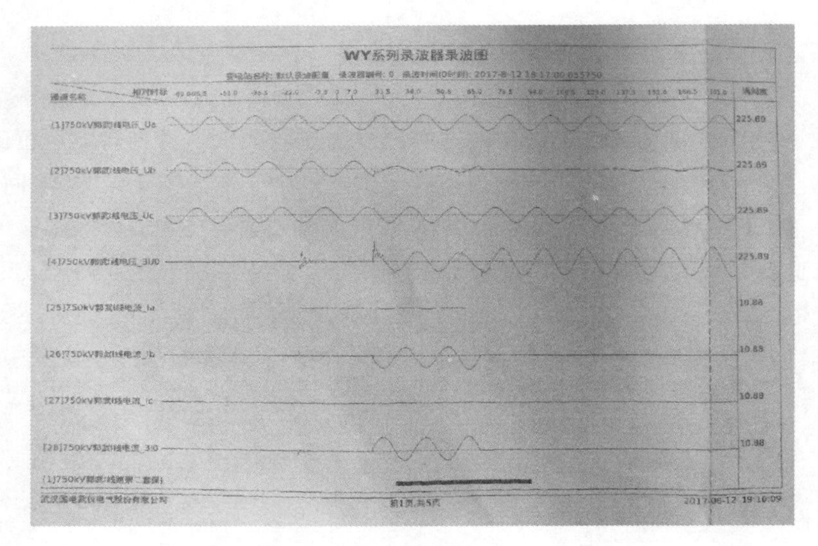

图 2-2-7 故障录波图

4 防治措施

（1）2013 年已对故障塔位安装了避雷针。

（2）根据上述故障情况，对 750kV 其他线路及杆塔应重点进行防雷保护角校验和绝缘子检测，特别要加强土壤电阻率较大地区和多雷区绝缘子片数较少杆塔的防雷监测，采取针对性的预防措施。结合停电，对灼伤的设备进行更换，同时在本基杆塔左下相加装 750kV 线路型（带保护间隙）避雷器。

延伸阅读

（1）输电线路雷击特征：根据形成原因，输电线路雷击过电压可分为感应雷过电压和直击雷过电压。感应雷过电压是雷击线路附近大地由于电磁感应在导线上产生的过电压，而直击雷过电压则是雷电直接击中杆塔、地线或导线引起的线路过电压。从运行经验来看，对 35kV 及以下电压等级的架空线路，感应过电压可能引起绝缘闪络；而对 110kV 及以上电压等级线路，由于其绝缘水平较高，一般不会引起绝缘子串闪络。

（2）绕击：雷电绕击是指地闪下行先导绕过地线和杆塔的拦截直接击中相导线的放电现象。雷电绕击导线后，雷电波沿导线两侧传播，在绝缘子串两端形成过电压导致闪络。当地面物体表面电场或感应电位还未达到上行先导起始条件时，即上行先导并未起始阶段，下行先导会逐步向下发展，直到地面物体上行先导起始条件达到并起始发展，这个阶段为雷击地面物体第一阶段。地面物体上行先导起始后，雷击地面物体过程进入第二个阶段。在该阶段内上下行先导会相对发展，直到上下行先导头部之间的平均电场达到末跃条件，上下行先导桥接并形成完整回击通道从而引起首次回击。造成输电线路绕击频发的原因主要有：① 自然界中的雷电活动绝大多数为小幅值雷电流，而恰恰是它们能够穿透地线击中导线；② 在运的输电线路地线保护角普遍较大，加之山区地段地面倾角较大；③ 超特高压、同塔多回线路杆塔高度普遍增加，且线路多沿陡峭山区架设，使大档距杆塔增多，均使线路对地高度增加，降低了地面的屏蔽作用。

（3）反击：对于常规型杆塔，雷击地线或杆塔后，雷电流由地线和杆塔分流，经接地装置注入大地。塔顶和塔身电位升高，在绝缘子两端形成反击过电压，引起绝缘子闪络。

1）雷击塔顶。雷击线路杆塔顶部时，由于塔顶电位与导线电位相差很大，可能引起绝缘子串的闪络，即发生反击。雷击杆塔顶部瞬间，负电荷运动产生的雷电流一部分沿杆塔向下传播，还有一部分沿地线向两侧传播。负极性雷电流一部分沿杆塔向下传播，还有一部分沿地线向两侧传播；同时，自塔顶有一正极性雷电流沿主放电通道向上运动，其数值等于三个负雷电流数值之和。线路绝缘上的过电压即由这几个电流波引起。

2）雷击地线档距中央。雷击地线档距中央时，虽然也会在雷击点产生很高的过电压，但由于地线的半径较小，会在地线上产生强烈的电晕；又由于雷击点离杆塔较远，当过电压波传播到杆塔时，已不足以使绝缘子串击穿，因此通常只需考虑雷击点地线对导线的反击问题。

（4）雷电定位系统：新一代雷电定位系统，全称为广域雷电地闪监测系统（LDS），是一套全自动、大面积、高精度、实时雷电监测系统，能实时遥测并显示地闪的时间、位置、雷电流峰值、极性和回击次数等参数。

【2-3】单回塔边相绝缘子雷击闪络故障

1　故障基本情况

1.1　故障信息

2009年6月18日20时47分，750kV××线C相（右边相）跳闸，重合成功。故障测距，距 A 站 28.9km，距 B 站 44.5km。

1.2 故障区段情况

根据保护测距，初步分析故障区段为 84～85 号。故障区段导线型号为 LGJ－500/45，子导线呈六分列布置。杆塔左侧地线采用 JLB20A－1851×19－11.5－1270－B（GJ－100），分段绝缘单点接地；右侧为 OPGW－120（光纤复合架空地线），采用逐基接地方式，避雷线保护角设计不大于 10°。故障区段海拔高度为 3300～3700m，主要地形为山地，设计雷暴日 40 天，最大风速 32m/s。

2 故障现场调查

2.1 故障点情况

根据保护测距确定的故障区段，6 月 19 日 7 时 15 分巡视人员发现 85 号 C 相绝缘子（双联 I 串）、钢帽、导线侧均压环有明显放电灼伤痕迹，其中 C 相大号侧绝缘子第 1、10、11、13、25、26 片；小号侧 14、15、16、17、18、19、20、21、22、23、24、25、26、27、28 片，共计 21 片灼伤痕迹；铁帽上有多处灼伤点，导线侧均压环 4 处烧融。85 号 C 相绝缘子放电灼伤痕迹如图 2－3－1 所示，85 号 C 相绝缘子铁帽放电灼伤痕迹如图 2－3－2 所示，85 号 C 相绝缘子钢脚闪络灼伤痕迹如图 2－3－3 所示，85 号 C 相绝缘子钢脚闪络灼伤痕迹如图 2－3－4 所示，85 号 C 相放电通道如图 2－3－5 所示，85 号杆塔地形地貌如图 2－3－6 所示。该塔两边相采用双联悬垂串、中相采用双联 V 型瓷质绝缘子

图 2－3－1　85 号 C 相绝缘子放电灼伤痕迹

串，型号为 XP－420，绝缘子结构高度为 7175mm，干弧距离为 7000mm；杆塔接地型式为四腿接地，设计允许工频电阻值为 30Ω。现场对 85 号及临近塔位接地电阻进行测量，接地电阻值满足设计要求，接地电阻测量记录见表 2－3－1。

图 2－3－2 85 号 C 相绝缘子铁帽放电灼伤痕迹

图 2－3－3 85 号 C 相绝缘子钢脚闪络灼伤痕迹

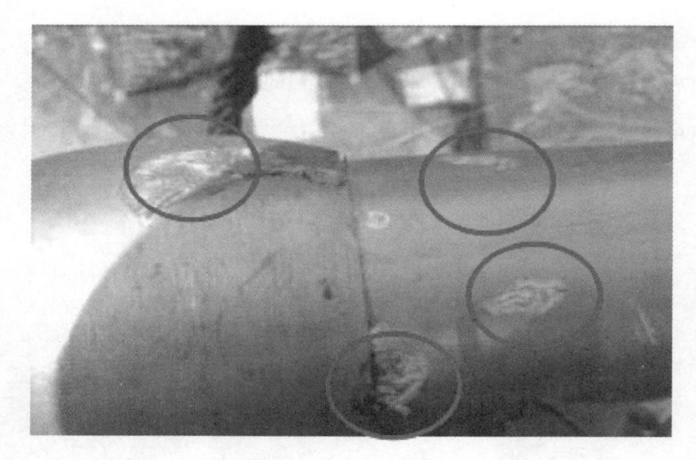

图 2-3-4　85 号 C 相绝缘子钢脚闪络灼伤痕迹

图 2-3-5　85 号 C 相放电通道

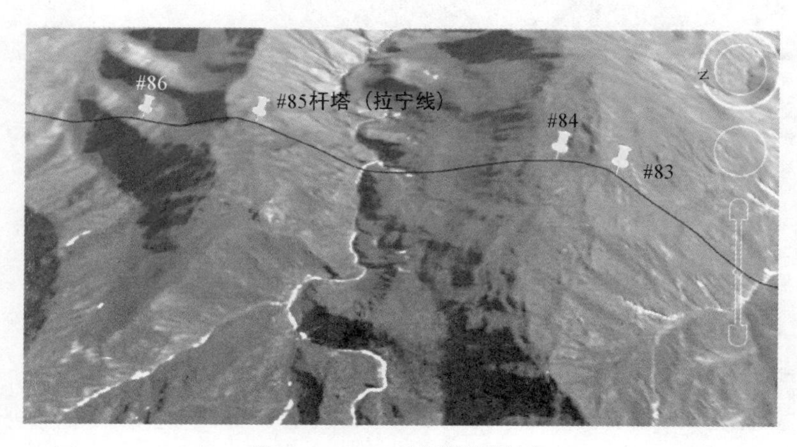

图 2-3-6　85 号杆塔地形地貌

表2-3-1 接地电阻测量记录

序号	杆塔号	电阻值（Ω）				设计值	结论
		A腿	B腿	C腿	D腿		
1	84	2.4	2.1	2.1	2.3	≤30Ω	合格
2	85	1.9	2.4	2.3	2.1	≤30Ω	合格
3	86	1.1	0.9	1.2	1.1	≤30Ω	合格

2.2 故障塔位运行工况

该段线路位于青海省海南贵德县山梁顶部，故障杆塔85号导线水平排列，故障相别右边相，相邻铁塔之间地形起伏相对高差较大，平均海拔高度为3593m，主要地形为山地，现场位置信息为山梁顶部。

2.3 故障时段天气

2009年6月18日，故障区段天气情况为强雷雨天气，风力7级，气温在14～25℃。

3 原因分析

3.1 分析过程

经走访当地群众，6日18时左右出现强雷雨天气。查询雷电定位监测系统，20时46～48分，85号塔位缓冲区1km的范围内有10次落雷，最大雷电电流幅值为-37.9kA，最小雷电电流幅值-7.4kA，故障时间和雷电定位监测系统时间相吻合，雷电定位系统查询情况如图2-3-7所示。

3.2 绕击分析

由于故障时的最大雷电流为-37.9kA，最小雷电流为-7.4kA，均未超过750kV线路雷击杆塔时的设计耐雷水平（≥150kA），但同一次落雷，若击中导线，电压就要高达1/2×（$I/2$）$Z=75I$（I为雷电流、Z为导线波阻抗），与雷击塔顶或邻近避雷线的电压（忽略避雷线的分流，电压为$IR=10I$）相差7～8倍，即在相同的50%冲击电压放电作用下，绕击的耐雷水平只有反击的1/7～1/8。85号塔设计图如图2-3-8所示。

3.3 地线保护角校验分析

（1）设计规程要求750kV线路均架设双地线，防雷保护角小于10°。

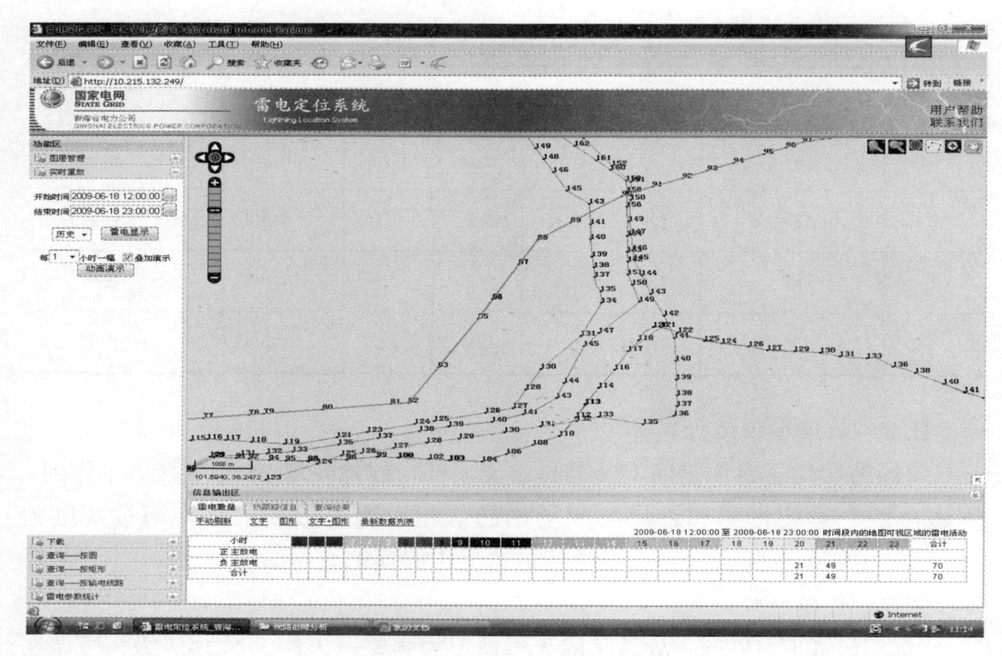

图 2-3-7　雷电定位系统查询情况

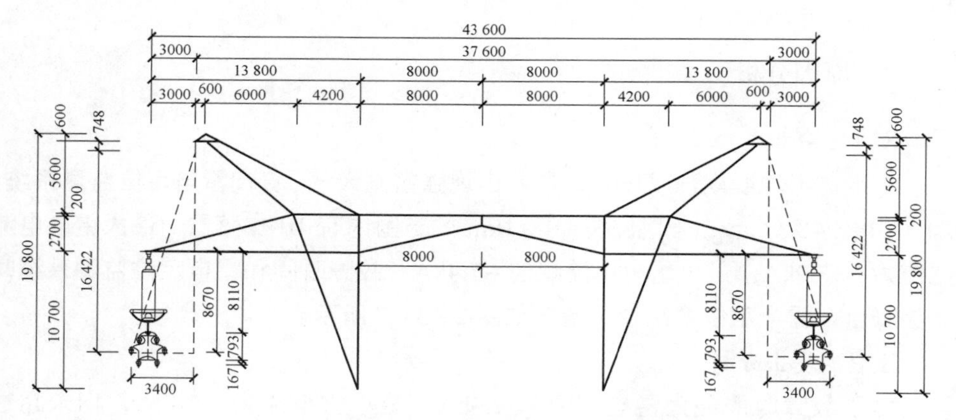

图 2-3-8　85 号塔设计图

注：85 号塔塔型 ZB435B；地线金具串长 748。

（2）根据设计图纸（见图 2-3-8），85 号塔地线保护角计算：

$$\alpha=\arctan（3400/16\,422）=11.7^\circ > 10^\circ$$

大于设计规程要求。

3.4　地线间水平距离校验分析

（1）根据设计文件，线路两根地线间的水平距离不超过塔上导线与地线垂

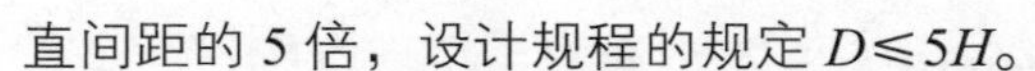

直间距的 5 倍，设计规程的规定 $D \leqslant 5H$。

（2）85 号塔地线间水平距离为 37.6m，地线与故障相导线之间的垂直距离为 15.935m，37.6m < 79.675m（5 × 15.935），满足设计要求。

3.5　档距中央导线与地线间距离校验分析

（1）根据设计文件，故障线路在气温 15℃、无风时，档距中央导线与地线之间距离 s 满足设计规程的规定：$s \geqslant 0.012L+1$（L 为档距长度）。

（2）85 号塔位于 82～88 号耐张段内，代表档距 845m，耐张段长度 4135m，小、大号侧档距分别为 1055m、486m。现场测得，85～86 号地线与故障相之间的垂直距离为 25m，满足设计要求。

3.6　绝缘配置和空气间隙校验分析

故障相绝缘子串型为双联悬垂串，绝缘子型号 XP－420（爬距 550mm、高度 205mm），片数 35 片，绝缘子串绝缘长度 7175mm。根据设计文件，在海拔 3500m 时，雷电过电压下，杆塔边相（Ⅰ型绝缘子串）最小空气间隙为 5.53m，满足设计要求。

综上所述，85 号塔的接地电阻、地线间的水平距离、档距中央导线与地线间的垂直距离、空气间隙均满足设计要求，而该塔防雷保护角为 11.7°，超过了防雷保护角小于 10°的标准要求，造成绕击概率增加。且结合故障时天气、放电痕迹特征及故障塔位地形，判断此次故障为雷电绕击造成线路跳闸。

4　防治措施

（1）85 号塔及相邻杆塔装设避雷针。由于 85 号塔防雷保护角不满足设计要求，小号侧档距较大（1055m），故采取对该塔及邻近杆塔上安装线路避雷针的措施，可有效提高杆塔引雷能力，增强杆塔对附近导线雷电的屏蔽能力，降低绕击概率。

（2）降低杆塔接地电阻。由于故障地段土壤电阻率较高，应避免因采取防绕击措施而引发的反击率增高问题。对 84～86 号塔加装导电接地模块，导电接地模块具有很好的吸水和保水性能，可改善并降低周围土壤的电阻率，以达到降阻的目的，从而有效降低雷电冲击作用。

（3）对 85 号 C 相绝缘子串进行更换。

（4）根据上述故障情况，对 750kV 其他线路及杆塔应重点进行防雷保护角校验和绝缘子检测，特别要加强土壤电阻率较大地区和多雷区绝缘子片数较少杆塔的防雷监测，采取针对性的预防措施。

【2-4】耐张塔绝缘子雷击闪络故障

1 故障基本情况

1.1 故障信息

2017 年 8 月 5 日 12 时 59 分，750kV××线单相故障跳闸，重合成功。故障测距：距 A 站 42.5km，相别 C 相。

1.2 故障区段情况

根据保护测距，初步分析故障区段为 390～415 号。经查线路设计文件，发生故障区段主要组合气象条件为最大风速 15m/s，392～401 号设计覆冰 15mm，401～410 号设计覆冰 20mm，海拔 1826～2057m，392～400 号同塔双回路右侧为 OPGW－145 型光缆，400～410 号左侧架设 JLB20AC－150 地线，右侧架设 OPGW－120 型光缆，OPGW 均采用逐塔接地方式。故障区段按 b 级污秽区设计，导线采用 6×LGJ－400/50 型钢芯铝绞线。直线塔采用瓷质绝缘子成Ⅰ型绝缘子串，型号：300kN 级双伞型，泄漏比距 2.32cm/kV；耐张塔采用双联 420kN 标准型瓷质绝缘子成双串，泄漏比距 2.37cm/kV，按 c 级污区设计。

2 故障现场调查

2.1 故障点情况

2017 年 8 月 6 日，故障巡视人员发现 400 号上相（C 相）绝缘子、爬梯有明显放电烧伤痕迹。400 号上相（C 相）大号侧绝缘子串烧伤痕迹如图 2－4－1

图 2－4－1 400 号大号侧上相（C 相）绝缘子串烧伤痕迹

所示，400号上相（C相）大号侧左串第一片绝缘子烧伤痕迹如图2－4－2所示，400号上相（C相）大号侧跳线爬梯烧伤痕迹如图2－4－3所示。

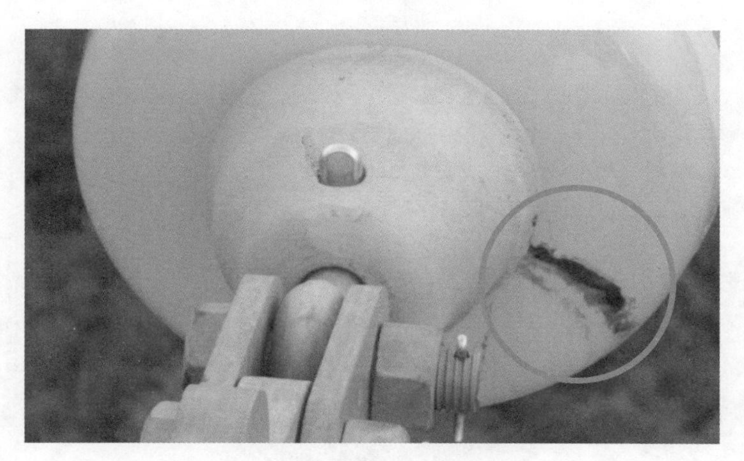

图2－4－2 400号上相（C相）大号侧左串第一片绝缘子烧伤痕迹

图2－4－3 400号上相（C相）大号侧跳线爬梯烧伤痕迹

2.2 故障塔位运行工况

故障杆塔400号为同塔双回分歧塔，该塔位地处山梁上，在自然保护区里，地形、地貌较为复杂，气候多变，为小气候地区，植被茂盛，通道内全部为灌木，无高大树木，无外破及其他影响线路运行的情况，海拔为1879.94m。

3 原因分析

根据甘肃电网雷电智能监测系统查询，8月5日11～14时，该线路390～

415 号区段线路附近地区出现频繁的雷电活动，其中 13 时左右雷电活动 17 次，400 号铁塔附近区域有 6 个落雷点，390～415 号区段落雷情况如图 2－4－4 所示。

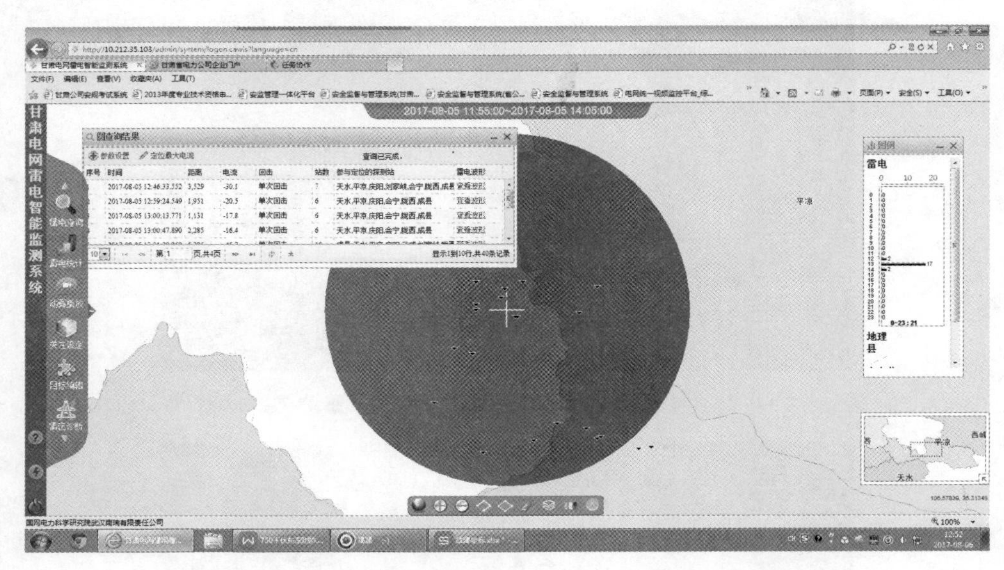

图 2－4－4　390～415 号区段落雷情况图

巡视人员走访了村庄内群众，据群众反映："8 月 5 日 13 点左右，听到的声音很大，像爆炸声，与平时打雷的声音不一样。"

由于 400 号铁塔为分歧塔（双回路变单回路），大号侧档距 470m，高差 93m，地线保护角变化较大，对上相导线存在保护盲区，雷云在漂移过程中，遇到山体阻挡，绕击在导线上造成线路故障发生。因此判断该次故障原因为雷击。

4　防治措施

故障巡视中对 400 号接地电阻进行测量，均符合设计要求。400 号接地型式为四腿接地，设计允许工频电阻值为 12Ω。故障塔接地电阻现场检测记录见表 2－4－1，根据测量数据，接地电阻满足设计要求。

表 2－4－1　故障塔接地电阻现场检测记录

塔腿	左后腿	左前腿	右前腿	右后腿
电阻（Ω）	3.51	3.08	3.3	3.07

根据上述情况，本案例采取的措施为：结合停电，对烧伤的设备进行更换，加装线路避雷器。

线路雷击闪络

雷击跳闸分为直击（绕击）雷过电压、反击雷过电压、感应雷过电压。

在相同地形条件下，直线猫头塔的绕击跳闸率低于直线酒杯塔，不同塔型下绕击跳闸率随地面倾角变化图如图 2－4－5 所示。

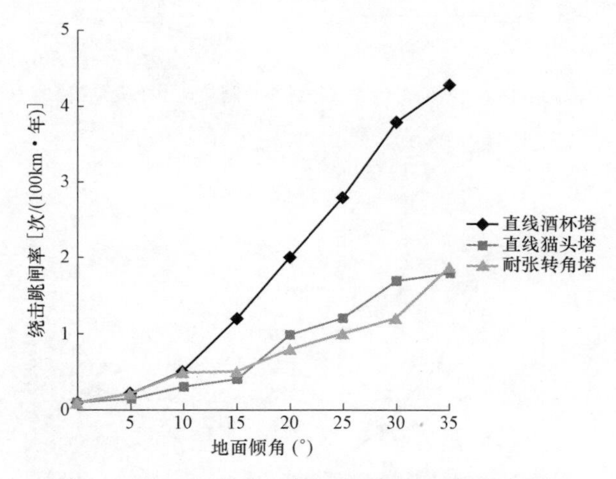

图 2－4－5　不同塔型下绕击跳闸率随地面倾角变化图

在接地电阻相同时，猫头塔反击跳闸率高于其他塔型，不同塔型下反击跳闸率随接地电阻变化情况如图 2－4－6 所示。

当雷击铁塔、避雷线时，雷电流下泄过程中，会引起塔头电位升高，其电位大于绝缘子串耐压水平时，雷电流沿绝缘子串对导线放电，造成反击跳闸，称为杆塔的反击耐雷水平。造成绝缘子串雷击闪络主要与雷电流大小、杆塔形式、接地电阻、绝缘子绝缘水平及空气间隙大小等有关。而在同等条件下，直线猫头塔的反击耐雷水平低于其他塔型，不同塔型在典型条件下反击耐雷水平如图 2－4－7 所示。

一般来说，感应雷电过电压对 110kV 及以上电压等级线路不会造成危害，对于 750kV 线路，排除因感应雷过电压造成跳闸的情况。

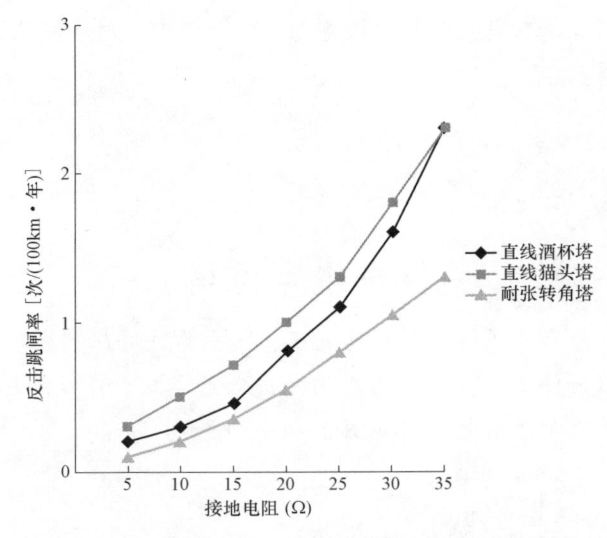

图 2-4-6 不同塔型下反击跳闸率随接地电阻变化情况

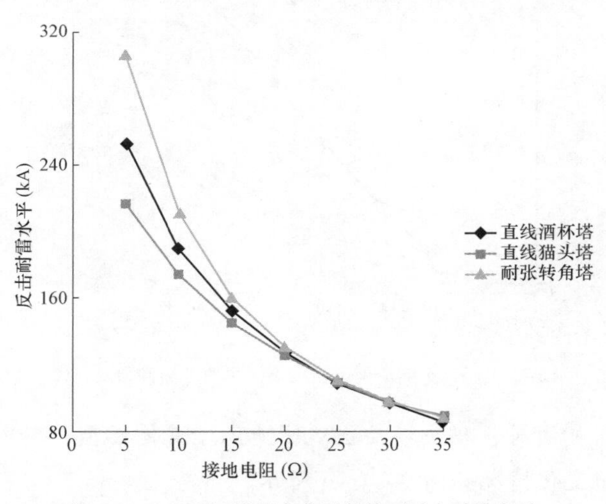

图 2-4-7 不同塔型在典型条件下反击耐雷水平

【2-5】常用防雷措施

1 架空地线

1.1 重要线路

重要线路应沿全线架设双地线，重要线路地线保护角选取见表 2-5-1。

表 2-5-1　　重要线路地线保护角选取表

雷区分布	电压等级（kV）	杆塔型式	地线保护角（°）
A～B2	110	单回路铁塔	≤10
		同塔双（多）回铁塔	≤0
		钢管杆	≤20
	220～330	单回路铁塔	≤10
		同塔双（多）回铁塔	≤0
		钢管杆	≤15
	500～750	单回路	≤5
		同塔双（多）回	<0
C1～D2	对应电压等级和杆塔型式可在上述基础上，进一步减小地线保护角		

对于绕击雷害风险处于Ⅳ级区域的线路，地线保护角可进一步减小。两地线间距不应超过导地线间垂直距离的 5 倍。如超过 5 倍，经论证可在两地线间架设第 3 根地线。

1.2　一般线路

除 A 级雷区外，220kV 及以上线路一般应全线架设双地线。110kV 线路应全线架设地线，在山区和 D1、D2 级雷区，宜架设双地线，双地线保护角需按表 2-5-1 配置。220kV 及以上线路在金属矿区的线段、山区特殊地形线段宜减小保护角，330kV 及以下单地线路的保护角宜小于 25°。运行线路一般不进行地线保护角的改造。一般线路地线保护角选取见表 2-5-2。

表 2-5-2　　一般线路地线保护角选取表

雷区分布	电压等级（kV）	杆塔型式	地线保护角（°）
A～B2	110	单回铁塔	≤15
		同塔双（多）回铁塔	≤10
		钢管杆	≤20
	220～330	单回铁塔	≤15
		同塔双（多）回铁塔	≤0
		钢管杆	≤15
	500～750	单回	≤10
		同塔（多）双回	≤0
C1～D2	对应电压等级和杆塔型式可在上述基础上，进一步减小地线保护角		

使用减小地线保护角技术时应注意：

（1）将地线外移，减小地线和导线之间的水平距离来减小保护角时应注意地线不能外移太多，应保证杆塔上两根地线之间的距离不应超过地线与导线间垂直距离的5倍。由于地线外移，杆件的应力增大，杆塔的重量和基础应力都随之增加，线路的投资成本有所增加。

（2）使用将导线内移的方法来减小保护角，可以避免杆塔重量增加和基础应力增大的问题，还可以建造更紧凑的输电线路，减小输电走廊，造价会更低，但应考虑导线与塔身的间隙距离满足绝缘配合要求。

（3）若用增加绝缘子片数，降低导线挂线点高度来减小保护角，杆塔的重量和应力都随之增加，线路的投资成本增加。

（4）若用增加地线高度来减小保护角，需要增加杆塔投资费用。

（5）在选择改造保护角的方案时要综合考虑减小保护角的防雷效果、运行规范要求和改造费用等因素，并进行机械负荷方面的计算，确定最优的改造方案。

2 接地装置

杆塔接地电阻直接影响线路的反击耐雷水平和跳闸率。当杆塔接地装置不能符合规定电阻值时，针对周围的环境条件、土壤和地质条件，因地制宜，结合局部换土、电解离子接地系统、扩网、引外、利用自然接地体、增加接地网埋深、垂直接地极等降阻方法的机理和特点，进行经济技术比较，选用合适的降阻措施，甚至组合降阻措施，以降低接地电阻。

降低杆塔接地电阻技术是通过降低杆塔的冲击接地电阻来提高输电线路反击耐雷水平的一种输电线路防雷技术，其原理是：当杆塔接地电阻降低时，雷击塔顶时塔顶电位升高程度降低，绝缘子承受过电压减小，提高了线路的反击耐雷水平，降低线路的雷击跳闸率。对于接地电阻值的要求，分为重要线路和一般线路，具体使用原则如下：

新建线路：线路杆塔新建时的工频接地电阻上限见表2-5-3。新建线路的每基杆塔的工频接地电阻，在雷季干燥时不宜超过表2-5-3所列数值。

运行线路：线路易受雷击杆塔改造后的工频接地电阻上限见表2-5-4。对经常遭受反击的杆塔在进行接地电阻改造时，每基杆塔不连地线的工频接地电阻，在雷季干燥时不宜超过表2-5-4所列数值。

表 2-5-3　　线路杆塔新建时的工频接地电阻上限表

土壤电阻率（Ω·m）	≤100	100～500	500～1000	1000～2000	2000
接地电阻（Ω）	10	15	20	25	30

注　如土壤电阻率超过 2000Ω·m，接地电阻很难降到 30Ω 时，可采用 6～8 根总长不超过 500m 的放射形接地体，或采用连续伸长接地体，接地电阻可不受限制

表 2-5-4　　线路易受雷击杆塔改造后的工频接地电阻上限表

土壤电阻率（Ω·m）	≤100	100～500	>500
接地电阻（Ω）	7	10	15

重要同塔多回线路杆塔工频接地电阻宜降到 10Ω 以下；

一般同塔多回线路杆塔宜降到 12Ω 以下；

严禁使用化学降阻剂或含化学成分的接地模块进行接地改造；

对未采用明设接地的 110kV 及以上线路的混凝土杆，宜采用外敷接地引下线的措施进行接地改造。

在降低杆塔接地电阻时，应以现有标准和规程为准则，因地制宜，充分利用杆塔周围的各种条件，采用科学合理的方法，将冲击接地电阻控制在安全范围之内并留有一定的安全裕度，具体使用注意事项如下：

（1）根据每基杆塔的实际情况，认真查看地质、地势，测试杆塔周围各个不同深度的土壤电阻率，结合今后的运行维护成本，经过技术经济对比之后采取有效的降阻措施。

（2）选择腐蚀性低和降阻性能较好的物理降阻剂。使用降阻剂涉及环保、技术经济条件等多个因素，因此，在平原地区，采用常规办法基本能使接地电阻达到设计要求值时，应尽量避免使用降阻剂。

（3）在山区等土壤电阻率高的区域，采用物理降阻方法改造接地装置的效果有限时，可适当地采用接地模块来降低杆塔接地电阻，同时综合考虑多种防雷措施，提高其防雷经济性和防雷效果。

（4）降低接地电阻，施工和检验是关键。在冲击接地电阻测量上，应采用科学的冲击接地电阻测量方法和装置，同时对施工后的杆塔冲击接地电阻进检验。

3　线路避雷器

线路避雷器通常是指安装于架空输电线路上用以保护线路绝缘子免遭雷击闪络的一种避雷器。线路避雷器运行时与线路绝缘子并联，当线路遭受雷击时，

能有效地防止雷电直击和绕击输电线路所引起的故障。

从间隙特征上讲，线路避雷器大体上分为无间隙避雷器和有间隙避雷器两大类，有间隙避雷器又有外串间隙和内间隙之分，由于产品制造和运行方面的综合原因，内间隙避雷器在线路上几乎不用，因此有间隙线路避雷器通常是指外串联间隙避雷器。有间隙线路避雷器作为主流的线路避雷器，又有两种主要形式，即纯空气间隙避雷器和绝缘子支撑间隙避雷器。线避雷器分类如图 2-5-1 所示。

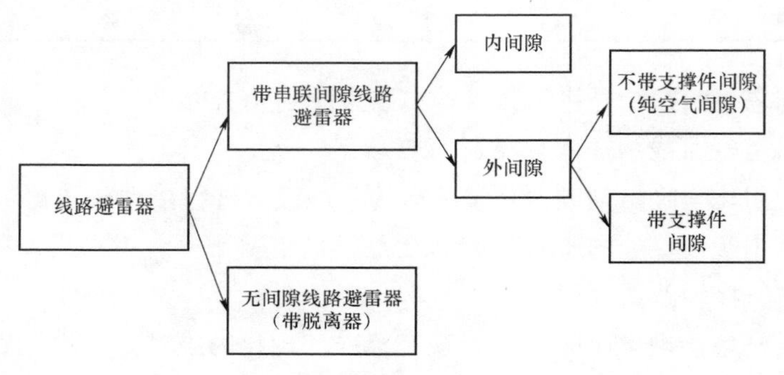

图 2-5-1　线避雷器分类

无间隙线路避雷器主要用于限制雷电过电压及操作过电压；带外串联间隙线路避雷器由复合外套金属氧化物避雷器本体和串联间隙两部分构成，主要用于限制雷电过电压及（或）部分操作过电压。近十几年来，国内外采用带外串联间隙金属氧化物避雷器，大大提高了金属氧化物避雷器承受电网电压的能力，又具有更好的保护水平，因此 EGLA（带外串间隙线路避雷器）是应用最广泛的线路避雷器。EGLA 的基本结构示意图如图 2-5-2 所示。

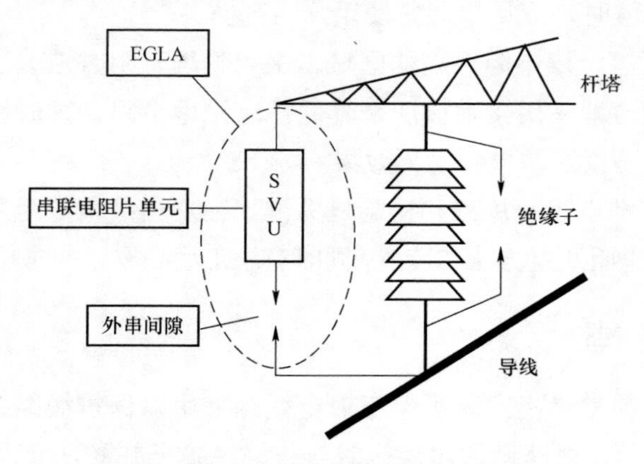

图 2-5-2　EGLA 的基本结构示意图

我国在 20 世纪 90 年代开发出了带脱离器的无间隙避雷器，35～500kV 线路型避雷器均有多年应用经验，最长运行时间已有十多年之久，取得了良好的防雷效果。但是鉴于对安装于交通不便的野外特别是山区等，无间隙避雷器的维护是一个普遍存在的问题。另外，由于目前国内绝大多数脱离器的性能、质量和可靠性不高，屡次发生避雷器还是完好的脱离器却动作了，或者避雷器已损坏了但脱离器仍未动作等现象。鉴于这些原因，近些年的线路避雷器的安装应用普遍集中于有串联间隙避雷器上。

相对而言，带串联间隙避雷器的优点比较明显，具体体现在：① 通过选择间隙距离，可使线路避雷器的串联间隙只在雷击时才击穿，而在工频过电压下不动作，从而减少避雷器的不必要的动作次数。② 串联间隙使避雷器的电阻片几乎不承受工频电压的作用，延长了避雷器的寿命，从而减少避雷器的定期维护工作量。③ 如避雷器本体发生故障，带串联间隙结构可将有故障的避雷器本体隔离开，不致造成绝缘子短路而引起线路跳闸。

3.1　线路避雷器的选型原则

线路避雷器的选择是通过比较结构形式、电气参数、安装方式和应用效果后的一种综合选择结果，最根本的要求是既要保证起到保护作用，又能确保自身长期安全稳定运行。避雷器的选型，主要从以下 5 个角度考虑。

3.1.1　结构型式的选择

线路避雷器结构型式的选择主要首先考虑其要承担的任务和维护的方便程度等因素。无间隙线路避雷器的电阻片长期承受系统电压，以及在操作过电压下会频繁动作，因此对电阻片的通流容量以及老化特性要求相对要高，而且由于安装在输电杆塔上，与无间隙电站避雷器相比，会长期面临塔头微风振动、导线风摆甚至舞动、更高的风压力等更加不利的运行环境和条件，因此对于制造工艺和质量的要求更高，否则极易出现机械结构损坏进而引起密封出现问题，最终导致避雷器事故。运行条件恶劣且又不易维护，使得无间隙线路避雷器的应用一直存在隐患。不过由于其结构高度与被保护绝缘子串长度相近，安装起来会更加方便。

有间隙线路避雷器由于串联间隙的作用，正常情况下本体部分基本不承担电压，避免了电阻片老化的问题。只要间隙绝缘完好，即使本体失效一定时期内也基本不会影响到线路正常供电。有间隙避雷器的安装，除了要考虑避雷器及其附属安装支架的机械性能外，其与被保护绝缘子（串）之间的距离也得考虑，应不影响或少影响绝缘子的电位分布和绝缘耐受水平为宜。

在综合考虑各种因素的情况下，线路避雷器倾向于使用有串联间隙结构。

3.1.2 标称放电电流与残压的选择

（1）标称放电电流的选择。通常可以选择避雷器的标称放电电流为 20、10kA 或 5kA。一般情况下，500kV 线路避雷器的标称放电电流宜选为 20kA；220、110kV 线路避雷器的标称放电电流通常选 10kA；330kV 线路由于主要出现在我国西北地区，雷电强度相对较弱，避雷器的标称放电电流选 10kA 即可；有点特殊的是 35kV 线路广布于我国的广大地区，尽管对于感应雷而言通常选择 5kA 即可，但对于特殊的强雷活动区且有可能遭受直击雷的地区，往往建议选择为 10kA。

（2）残压的选择。通常 35、110、220、500kV 线路绝缘子串的雷电冲击 50% 闪络电压分别不低于 300、600、1000kV 和 2000kV，在标称放电电流下的残压很容易做到远低于其对应值，例如 150、300、600kV 和 1400kV。而且与电站避雷器相比，使用更小直径的电阻片仍可以满足要求。

3.1.3 额定电压及直流参考电压的选择

选取无间隙避雷器额定电压的原则是：避雷器的额定电压必须大于避雷器安装可能出现的最高工频过电压。对于 110kV 线路，额定电压通常取 96～108kV；对于 220kV 线路，额定电压通常取 192～216kV；对于 500kV 线路，额定电压通常取 396～444kV。在实际工程中，具体选择方案还要随工程实际情况和标准化的要求来调整。

对于有间隙避雷器的额定电压而言，35kV 避雷器可以选 42～51kV，110kV 避雷器可以选 84～102kV，220kV 避雷器可以选 168～204kV，500kV 避雷器可以选 372～420kV。

额定电压通常与直流参考电压有密切的对应关系，即直流参考电压等于 $\sqrt{2}$ 倍的额定电压。如此一来，35、110、220kV 和 500kV 线路避雷器本体的直流参考电压大致可以选为分别不低于 60、120、240kV 和 526kV。

3.1.4 避雷器通流容量或电荷处理能力的选择

无间隙线路避雷器在操作过电压作用下动作，其能量吸收可以根据典型的线路参数和典型的避雷器伏安特性曲线，由 EMTP 程序精确确定。

与无间隙避雷器相比，有间隙避雷器由于通常只通过雷电冲击电流，因此其实际的能量吸收要小许多。对于 35、110、220kV 和 500kV 线路避雷器而言，其折合的方波冲击电流一般不超过 200、300、400A 和 600A。但是 35kV 线路避雷器有些特殊，在线路无架空地线的情况下也是会遭受直击雷，此时的能量吸收基本与 110kV 相似。

3.1.5　间隙距离的选择

目前，我国对带外串间隙线路型避雷器的设计和选择主要基于两点：第一，避雷器应能耐受系统正常的操作过电压，即串联间隙不放电或达到可接受的放电概率。由此而选择避雷器的最小间隙距离。第二，确保当出现一定幅值的雷电冲击过电压时，避雷器间隙能可靠放电。而且正负极性雷电冲击放电电压的差异要尽可能小。为使避雷器放电而绝缘子不闪络（或达到可接受的闪络概率），需使避雷器放电的伏秒特性低于绝缘子闪络的伏秒特性。由此选择避雷器的最大间隙距离。

通常可以认为 35、110、220、330kV 和 500kV 操作过电压倍数的标幺值为 4.0、3.0、3.0、2.2、2.0p.u.。对应的过电压幅值分别为 132、309、617、652kV 和 898kV，原则上避雷器应耐受对应电压等级操作过电压。以棒—棒间隙为例，其对应的最小间隙距离分别为 120、450、900mm 和 1650mm。当然，由于实际的间隙结构形式与棒—棒间隙有些出入，因此要根据具体的结构通过试验来精确确定。

研究表明，避雷器雷电冲击 50%放电电压至少应比绝缘子雷电冲击 50%闪络电压低 16.5%。不同的绝缘子形式（瓷质绝缘子、玻璃绝缘子、复合绝缘子）以及不同的串长（或片数），其雷电冲击放电电压是不同的。以瓷质绝缘子为例，35、110、220kV 和 500kV 一般的最少片数分别为 3 片、7 片、13 片和 25 片，其正极性的 50%雷电冲击放电电压分别为 300、600、1100kV 和 2000kV，因此对应避雷器的最大 50%雷电冲击放电电压分别为 240、525、900kV 和 1760kV。以棒—棒间隙为例，其对应的最大间隙距离分别为 140、550、950mm 和 1750mm。当然，由于实际的间隙结构形式与棒—棒间隙有些出入，因此要根据具体的结构通过试验来精确确定。

作为一个参考，35、110、220、330kV 和 500kV 有间隙线路避雷器的间隙尺寸大致为：120～140mm、450～550mm、900～950mm、1650～1750mm。

3.2　线路避雷器的使用原则

安装线路避雷器是防止线路绝缘雷击闪络的有效措施。受制造成本限制，线路避雷器不适合大范围安装使用，应根据技术经济原则因地制宜地制订实施方案。选择使用线路避雷器时应遵循以下原则：

（1）一般线路不推荐使用线路避雷器。在雷害高发的线路区段，当其他防雷措施已实施但效果仍不明显时，经充分论证后方可安装线路避雷器。

（2）应优先选择雷害风险评估结果中风险等级最高或雷区等级最高的杆塔安装线路避雷器。

（3）雷区等级处于 C2 级以上的山区线路，宜在大档距（600m 以上）杆塔、耐张转角塔及其前后直线塔安装线路避雷器。

（4）重要线路雷区等级处于 C1 级以上且坡度 25° 以上的杆塔、一般线路雷区等级处于 C2 级以上且坡度 30° 以上的杆塔，宜安装线路避雷器。

（5）雷区等级处于 C1 级以上的山区重要线路、雷区等级处于 C2 级以上的山区一般线路，若杆塔接地电阻在 20～100Ω 且改善接地电阻困难也不经济的杆塔宜安装线路避雷器。

（6）安装线路避雷器宜根据技术—经济原则因地制宜的制订实施方案，线路避雷器安装方式一般为：

1）330～750kV 单回线路优先在外边坡侧边相绝缘子串旁安装，必要时可在两边相绝缘子串旁安装；

2）220kV 单回线路必要时宜在三相绝缘子串旁安装；

3）110kV 单回线路在三相绝缘子串旁安装；

4）330kV 及以上同塔双回线路宜优先在中相绝缘子串旁安装，安装时应以导线绝缘子串干弧距离与导线—下方横担的空气间隙距离较小者确定线路避雷器的参数以及安装位置；

5）220kV 及以下同塔双回线路宜在一回路线路三相绝缘子串旁安装。

线路避雷器常用的安装方式主要有以下三种：上接地安装、下接地安装和侧面接地安装。

上接地安装方式基本上均采用一过渡安装支架，其一端固定于杆塔横担上沿线路走向伸出，另一端作为避雷器的悬挂端，通常导线、绝缘子串、避雷器处于一个平面内。单回直线塔边相导线上方安装如图 2-5-3 所示，这种安装方式是单回直线塔边相安装避雷器的典型代表。但是针对不同的杆塔，过渡安装支架也有沿横担方向往外伸出的，单回直线塔边相导线外侧安装如图 2-5-4 所示。

下接地安装方式对于不同的间隙结构而言略有不同。对于纯空气间隙而言，需要在导线下方塔身的适当高度处另外设计安装一个辅助支架，而避雷器本体以站立的形式安装于辅助支架上，在导线和避雷器上端之间形成串联间隙。这时的避雷器类似于一个支架式安装的电站避雷器，单回直线塔边相导线下方安装如图 2-5-5 所示。下接地安装方式对于绝缘子支撑间隙避雷器而言，安装

(a)

(b)

图 2－5－3　单回直线塔边相导线上方安装
（a）纯空气间隙；（b）绝缘子支撑间隙

图 2－5－4　单回直线塔边相导线外侧安装

起来要方便得多，避雷器的上挂点通过合适金具直接连接于绝缘子串的下金具上，而避雷器的接地端可以连接于下方的类似辅助支架上，或者用满足强度要求的接地线直接斜拉安装于塔身上，单回耐张塔边相导线下方安装图 2－5－6，同塔双回直线三相导线下方安装如图 2－5－7 所示。

(a)

(b)

图 2-5-5 单回直线塔边相导线下方安装

（a）纯空气间隙；（b）绝缘子间隙

(a)

(b)

图 2-5-6 单回耐张塔边相导线下方安装

（a）纯空气间隙；（b）绝缘子间隙

图 2-5-7 同塔双回直线三相导线下方安装

无论以何种方式安装，纯空气间隙避雷器要特别注意的是间隙距离的保证，绝缘子支撑间隙避雷器要特别注意的是连接金具、连接导线和接地端的机械强度，还要有适度的活动范围，以使得避雷器能随导线自由活动。

3.3 线路避雷器运维要求

3.3.1 交流避雷器

为了掌握和了解线路避雷器在运行使用中的工作状况，需要进行巡线查看或进行必要检测。带间隙避雷器只需要定期巡线（通常在每年雷雨季节之前巡视一次即可），目测避雷器的外观是否有损坏情况，并记录计数器的动作数据；无间隙线路避雷器需要做定期检测，检测方法和周期可参照变电站用无间隙避雷器。对于带脱离器的无间隙线路避雷器可采用抽查方式。

线路避雷器运行维护主要内容：

（1）避雷器的主要部件（本体、间隙的电极、支撑杆）、引流线、接地引下线及附件（如放电计数器、脱离器、在线监测装置）都在安装位置；

（2）无间隙线路避雷器和带间隙线路避雷器的本体外观应完整、无可见形体变形，绝缘外套（含支撑杆）应无破损、无可见明显烧蚀痕迹和异物附着）。在杆塔上固定安装时，应无非正常偏斜和摆动；

（3）带间隙线路避雷器间隙的环形电极应无明显移位、偏移和异常摆动、无可见异物附着，环及环管应无明显变形；

（4）记录在线监测装置测量的持续电流和放电计数器记录的动作次数（可地面获取时）；

（5）用红外热像仪检测对运行中线路避雷器本体及电气连接部位，红外热像图显示应无异常温升、温差和/或相对温差；

（6）脱离器有无动作。

配合线路停电检修进行登杆巡视时，还应增加以下检查项目：

（1）避雷器（本体）、间隙等部件的连接与固定应牢靠无松动，应有的紧固件齐全；

（2）绝缘外套应无损伤和破裂，材质应无粉化和撕裂强度无明显下降感；

（3）检查在线监测设备工作应正常；

（4）纯空气间隙避雷器间隙尺寸测量。

3.3.2 直流避雷器

对于运行中的直流线路避雷器，需要进行定期巡视或必要检测，运行维护的主要内容应包括：

（1）避雷器的主要部件（本体、间隙的电极）及附件（如放电计数器、引流线）都在安装位置；

（2）避雷器的本体外观应完整、无可见形体变形，绝缘外套应无破损、无可见明显烧蚀痕迹和异物附着。在杆塔上固定安装时，应无非正常偏斜和摆动；

（3）避雷器间隙的环形电极应无明显移位、偏移和异常摆动，无可见异物附着，环及环管应无明显变形；

（4）记录放电计数器记录的动作次数（可地面获取时）；

（5）用红外热像仪检测运行中无间隙线路避雷器本体及电气连接部位，红外热像图显示应无异常温升、温差和相对温差；

（6）在线路检修和绝缘子（串）更换时，应检查间隙距离。

3.3.3 并联间隙

并联间隙在绝缘子上的布置应合理，并联间隙的安装使用应满足以下条件：

（1）对于直线塔的悬垂串，并联间隙电极尽量顺导线布置。

（2）耐张绝缘子串的并联间隙，仅在绝缘子串向上的一侧安装并联间隙电极。

（3）同塔双回线路直线杆塔可优先选择安装并联间隙，并选择绝缘水平较低的一回进行安装；同塔双回耐张塔的导线一般都是垂直排列，上方导线的跳线距下面横担的距离相对较近。若在同塔双回耐张塔的耐张串上安装并联间隙，中相、下相发生闪络后，间隙上产生工频电弧的弧腹会向上飘移，若弧腹飘移到上方导线的跳线处就会造成相间短路，故应慎重考虑在同塔双回线路耐张串上安装并联间隙。

（4）在已经运行输电线路（玻璃）绝缘子串上安装并联间隙，为降低输电线路的雷击跳闸率，可在安装并联间隙的同时在绝缘子串上增加 1～2 片绝缘子。但需注意以下因素：

若耐张串增加绝缘子片后对档距弧垂、塔头空气间隙影响较大，可不增加绝缘子；对于特殊易击耐张塔，耐张串安装并联间隙且不增加绝缘子会显著影响整条线路的雷击跳闸率，则不安装并联间隙，可考虑安装线路避雷器。

增加绝缘子会影响杆塔的塔头空气间隙及交叉跨越距离，特别是猫头塔、酒杯塔的中相，以及线路跨越其他线路、公路的情况。若增加绝缘子使杆塔的塔头空气间隙及交叉跨越距离不满足设计要求时，可不增加绝缘子。对于 110kV 及以下输电线路，若全线均是猫头塔或酒杯塔，则安装并联间隙时需慎重考虑中相是否增加绝缘子。

（5）中雷区及以上地区或地闪密度较高的地区，可采取安装并联间隙的措施来保护绝缘子，以降低线路运维工作量。500kV 核心骨干网架、500kV 战略性输电通道和 110kV 及以上电压等级重要负荷供电线路不宜安装并联间隙。同塔双回线路，可选择雷害风险较高的一回进行安装。500kV 同塔双回耐张塔不宜安装并联间隙，110kV、220kV 同塔双回耐张塔宜仅在上相安装。

对于挂网运行的并联间隙只需安排定期巡检（每年至少一次，最好在雷雨季节之前），巡检的主要内容包括绝缘子并联间隙电极是否有烧蚀痕迹、并联间隙是否有异常。巡检时若绝缘子并联间隙电极有烧蚀痕迹，则判断为并联间隙闪络，观察绝缘子是否有闪络痕迹，宜拍照记录。巡检时发现并联间隙电极端部因多次烧灼使得间隙距离增加超过 5cm 时，记录在案，等线路定期检修时予以更换。

4 其他装置使用原则及注意事项

4.1 塔顶避雷针

采用塔顶避雷针技术应注意：

（1）塔顶避雷针应安装在线路容易遭受雷击的线段或杆塔。这些杆塔均位于风口、边坡、山顶、水边，遭受雷击的概率比一般地形杆塔大很多。

（2）对于安装点的选取还需进一步积累经验，需结合杆塔的型式和地形地貌总结一套行之有效的方法。

（3）220kV 及以上线路安装塔顶避雷针的杆塔应严格控制考虑季节系数修正后的杆塔工频接地电阻不大于 15Ω。

（4）110kV 及以下线路一般不宜安装塔顶避雷针。

4.2 侧向避雷针

220kV 及以上单回线路宜水平安装在边相导线横担上，且推荐采用伸出横担长度为 2.0m 以上的侧向避雷针；220kV 及以上同塔双回线路宜优先水平安装在中相导线横担上，且推荐采用伸出横担长度为 2.0m 以上的侧向避雷针。110kV 及以下线路不应安装侧向避雷针。安装于杆塔横担的侧向避雷针应注意选择合适的针长以起到较好的屏蔽效果。

在应用侧向避雷针技术时应注意：

（1）侧向避雷针的有效性是在长间隙放电缩比模型试验中得出的，其原理还没有得到充分验证，仍待商榷。

（2）由模型试验得到的试验结果可能与真实情况存在偏差，其实际效果并未得到全面验证。但地线侧针在架空地线上直接安装后，对地线的防微风振动效果的影响是负面的。

（3）我国部分地区曾发生大风环境下侧向避雷针拉断地线的事故，因此禁止使用直接安装于地线上的侧向避雷针。

4.3 耦合地线

耦合地线作为一种反击防护措施可用于一般线路，其可增加导线和地线之间的耦合作用，同时具有分流作用。在满足杆塔机械强度和导线对地距离情况下，可根据地形地貌采用架设耦合地线技术。

耦合地线的装设受杆塔结构、强度、弧垂对地距离、地形地貌等诸多因素的影响和限制，应用此项技术时应注意以下事项：

（1）实际应用中，考虑耦合地线被盗严重应慎重选用；对于已架设耦合地线的线路则应加强巡视和维护。

（2）应充分考虑耦合地线与导线的电气距离配合，特别是交叉跨越时的配合。

（3）由于在导线下面增设耦合地线，增加了杆塔荷载，部分杆塔及挂线点需补强及增设，因此应做好杆塔强度的校核工作。

（4）应按照设计规程要求，在架设耦合地线前，做好耦合地线对地距离的校核工作，以确保人身的安全，同时防止送电线路设施的人为破坏。

（5）风口、大跨越处慎用，防止强对流天气下耦合地线上扬造成故障。

第3章 污闪原因

【3-1】盐湖地区绝缘子串污闪故障

1 故障基本情况

1.1 故障信息

2014年3月21日4时28分至7时43分，750kV××Ⅰ、Ⅱ线（两条平行的单回线路）各发生6次故障跳闸，线路故障情况见表3-1-1。

表3-1-1 线路故障情况

线路名称	跳闸发生时间	故障相	重合情况	故障测距（km）
Ⅰ线	2014年3月21日 5时0分11秒	A	重合成功	93.79
	2014年3月21日 7时34分19秒	A	重合成功	96.04
	2014年3月21日 7时35分16秒	B	重合成功	95.8
	2014年3月21日 7时37分34秒	B	重合成功	95.39
	2014年3月21日 7时43分12秒	A	重合成功	98.96
	2014年3月21日 7时43分24秒	ABC	重合不成功	98.24
Ⅱ线	2014年3月21日 4时28分27秒	B	重合成功	96.24
	2014年3月21日 4时40分53秒	C	重合成功	95.42
	2014年3月21日 4时48分40秒	A	重合成功	96

续表

线路名称	跳闸发生时间	故障相	重合情况	故障测距（km）
Ⅱ线	2014 年 3 月 21 日 5 时 2 分 6 秒	C	重合成功	96.03
	2014 年 3 月 21 日 5 时 10 分 36 秒	B	重合成功	96.34
	2014 年 3 月 21 日 5 时 19 分	B	重合成功	95.34

1.2 故障区段情况

根据保护测距，初步分析Ⅰ线故障段为 105～123 号，Ⅱ线故障段为 102～120 号。Ⅰ、Ⅱ线故障区段均位于青海省海西州察尔汗盐湖核心区，故障点位置示意图如图 3－1－1 所示。

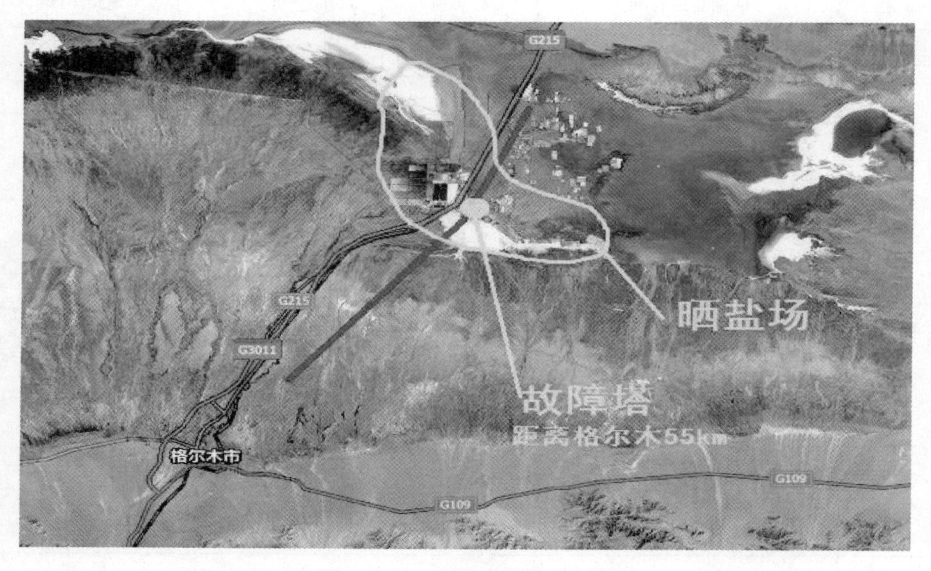

图 3－1－1　故障点位置示意图

海拔约 2700m，导线采用 6×LGJ－400/50、6×LGJ－500/45，地线采用 JLB20A－100，绝缘子串长 12 710mm，统一爬电比距 73.83mm/kV，具体绝缘配置情况见表 3－1－2。直线塔两边相采用Ⅰ型串、中相采用Ⅴ型串复合绝缘子，耐张塔绝缘子水平单挂点双串。

表 3-1-2　　绝缘配置情况

串型	绝缘子串	适用塔型	绝缘子型式
导线悬垂串	120kN 单联 I 串	耐张塔 （跳线及换相）	FXBW-750/120
	210、300kN 单联 I 串	直线塔边相	FXBW-750/210、FXBW-750/210H、FXBW-750/300、FXBW-750/300H
	2×210、2×300kN 双 I 形串	直线塔边相	FXBW-750/210、FXBW-750/210H、FXBW-750/300、FXBW-750/300H
	2×210、2×300kN V 形串	直线塔、悬垂转角塔中相	FXBW-750/210、FXBW-750/210H、FXBW-750/300、FXBW-750/300H
	4×210、4×300、kN 双 V 形串	直线塔、悬垂转角塔中相	FXBW-750/210、FXBW-750/210H、FXBW-750/300、FXBW-750/300H
导线耐张串	2×550kN 2×420kN	耐张塔	U550B/240 U420B/205（62 片）
	2×210kN	变电站进出档	U210B/170
	2×120kN	换位辅助塔	U120B/146 U120B/155T
地线悬垂串	XDP-70C	直线塔	XDP-70C
地线耐张串	XDP-70CN	耐张塔	XDP-70CN

2 故障现场调查

2.1 故障点情况

故障发生后，巡视人员发现Ⅰ线 118 号、Ⅱ线 113 号耐张塔三相 12 串绝缘子串多片瓷质绝缘子表面、均压环有明显的放电灼伤痕迹，瓷质绝缘子表面放电灼伤痕迹见图 3-1-2，具体绝缘子故障情况见表 3-1-3。

图 3-1-2　瓷质绝缘子表面放电灼伤痕迹

表3-1-3　　　　绝缘子故障情况

线路名称	故障塔位	相序	故障位置	电弧灼伤绝缘子串中位置
Ⅰ线	118	A	大号侧左串	1、2、4、5、8、10、13、15、16、17、18、20、21、25、30、31、34、35、36、37、38、39、40、41、42、43、44、46、47、61
			小号侧左串	1-3、5-7、9、12、13、14、16、17、18、19、22、23、24、25、27、28、29、30、32、33、34、35、36、37、38、39、40、41、44、47、48、49、61、62
		B	大号侧左串	1、2、3、10、18、22、24、30、36、37、38、40、41、46、54
			大号侧右串	1、2、5、6、8、13、17、19、22、23、24、25、28、31、32、33、39、43、44、45、49、58
			小号侧左串	6、12、17、18、22、24、27、28、29、32、33、34、35、37、38、39、40、44、53
		C	大号侧右串	1-3、6、7、8、9、10、13、14、15、16、17、18、20、22、23、24、25、28、29、30、31、33、38、39、59、62
			小号侧左串	58、59、60、61、62
Ⅱ线	113	A	大号侧右串	1、4、5、8、10、13、14、15、17、18、20、21、23、26、28、29、30、35、40、43、46、54、56
		B	大号侧左串	1、26、53、54、58、60
			大号侧右串	1、20、28、29
			小号侧右串	2、8、12、14、20、24、26、28、33、36、37、38、39、40、43、44、48、51、52、53、54、55、58、62
		C	大号侧左串	1、4、6、9、11、15、18、19、20、26、29、30、35、36、37、39、41、45、48、50、52
			大号侧右串	1、5、6、11、27、37、39、41、42、43、44、45、48、49、50、53、54、55、56、57、59

本次故障跳闸后即开始故障巡视，巡视人员到达现场时Ⅰ线尚在运行，发现Ⅰ线110、111、118号塔绝缘子串表面有严重的放电、拉弧现象，绝缘子串沿表面放电、拉弧现象如图3-1-3所示。

2.2 故障塔位运行工况

故障塔位于察尔汗盐湖核心区，线路下方和周边为大面积的晒盐场。此外，在线路西侧和西北侧2.5～13.0km是柴达木循环经济园，区域内分布有众多盐化工、钾肥等高污染企业。周边1.0km范围内有大量的盐、钾肥堆放。故障塔环境示意图如图3-1-4所示，故障塔位周边化工厂与晒盐场分别如

图 3-1-3　绝缘子串沿表面放电、拉弧现象

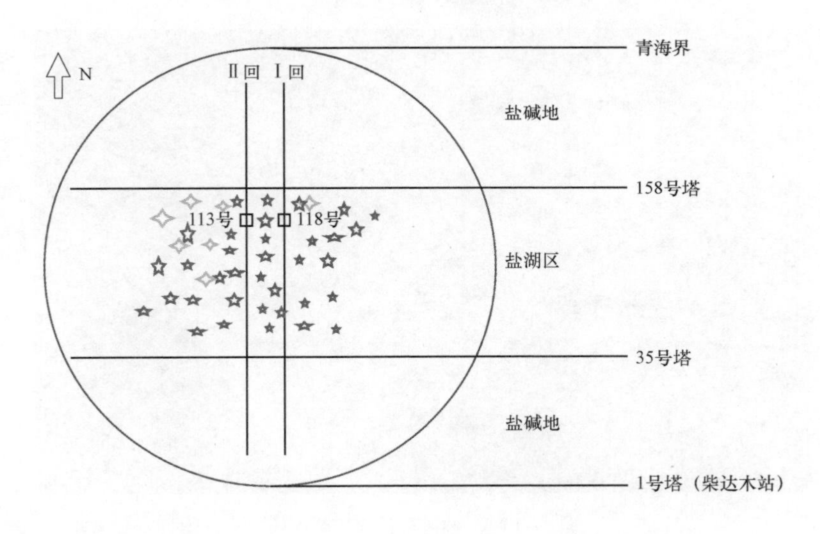

图 3-1-4　故障塔环境示意图

图 3-1-5 和图 3-1-6 所示。故障时空气湿度较大，清晨有凝露，并伴有沙尘天气，最大风速 5.8m/s，气温在 -2.7～0.5℃，具体故障时段天气状况见表 3-1-4。

图 3－1－5 故障塔位周边化工厂

图 3－1－6 故障塔位周边晒盐场

表 3－1－4 故障时段天气状况

故障时段	温度（℃）	湿度（%）	最大风速（m/s）	风 向	天气状况
4:00	0.5	71	5.8	西、西北	多云
5:00	−0.8	74	5.0	西、西北	多云
6:00	−1.1	74	3.5	西、西南	多云
7:00	−2.4	76	3.3	西、西南	多云
8:00	−2.7	76	3.8	南、西南	多云

3　原因分析

3.1　现场环境

（1）故障塔位于察尔汗盐湖的盐田中央，卤水含盐量极高，盐田中有大量盐粉末，且部分晒盐场水分蒸发完毕，盐田中和附近场地上也堆放有大量的粗盐。盐粉末随风极易上扬，从而附着绝缘子表面，同时冬季积污期持续无降雨，黏附在绝缘子表面的盐较多。

（2）故障塔周边工业污染严重，加剧积污。750kV××线在该区域为南北走向，盐湖地区常年以西北风为主。而在线路上风侧 2.5～3.0km 区域内是柴达木循环经济园，园区内多家重污染企业每日排放的大量污染性气体及导电率高的金属粉尘等污秽物在风力作用下向线路方向扩散，极易附着于线路绝缘子上，造成绝缘子表面积污进一步加重。

（3）绝缘子型式为钟罩型瓷绝缘子，且为耐张串水平布置，下表面极易积污。故障巡视发现位于盐湖地区的Ⅰ线 78～129 号和Ⅱ线 76～127 号绝缘子、均压环及塔身等部位积污严重，大量的污秽易沉积于棱内。

3.2　气候条件

（1）该地区干旱少雨，不能对绝缘子产生清洗作用。加之本地区高浓度盐积污造成的绝缘子积污不易清洁，所以一个积污期的积污量过大。

（2）根据当地气象台资料，在故障发生前期，降温导致盐湖地区空气湿度大，使得绝缘子表面受潮、湿润，从而具备了污闪的湿条件。因复合绝缘子表面具有较好的憎水性和憎水迁移性，且表面平滑，不易积污，因此未发生污秽闪络。

3.3　分析结论

故障巡视发现Ⅰ线 113 号、Ⅱ线 118 号多片瓷质绝缘子有放电灼伤痕迹、导线侧均压环有明显放电灼伤痕迹，加之线路巡视时发现多基耐张塔绝缘子串出现严重爬电现象，综上所述可判定为绝缘子串在极端恶劣天气下快速积污引起线路污秽闪络故障。

4　防治措施

（1）将该线路盐湖中心区段内的耐张塔钟罩型瓷质绝缘子更换为三伞防污型绝缘子并喷涂 RTV 防污闪涂料。

（2）在故障区段安装在线监测装置，随时掌握盐湖地区绝缘子污秽变化情况，对监控发现的各类异常问题提前采取预防措施，提高设备的健康水平。

延伸阅读

1. 污闪定义

电气设备的绝缘表面附着了固体、液体或气体的导电物质，在遇到雾、露、毛毛雨或融冰（雪）等气象条件时，绝缘表面污层受潮，导致电导增大，泄漏电流增加，在运行电压下产生局部电弧而发展为沿面闪络的一种放电现象。

2. 污秽种类

（1）绝缘子表面的自然污秽物有两类。A 类：含有不溶物的固体污秽物附着于绝缘表面，当受潮时表面污层导电。该类污秽物附着量可通过测量等值盐密和灰密来表征其特性。B 类：液体电解质或化学气体附着于绝缘表面，多含有少量不溶物。该类污秽物附着量可通过测量导电率或泄漏电流来表征其特性，也可通过测量等值盐密和灰密来表征其特性。

（2）A 类污秽。A 类污秽普遍存在于内陆、沙漠或工业污染区；沿海地区绝缘子表面形成的盐污层，在露、雾或毛毛雨的作用下，也可视为 A 类污秽。A 类污秽含受潮时形成导电层的水溶性污秽物和吸入水分的不溶物。水溶性污秽物分为强电解质水溶性盐（高溶解度的盐）和弱电解质低水溶性盐（溶解度低的盐）。不溶物为不溶于水的污秽物，其主要功能表现为吸附水分，如尘土、水泥粉尘、煤灰、沙、黏土等。

（3）B 类污秽。B 类污秽主要存在于沿海地区，海风携带盐雾直接沉降在绝缘表面；通常化工企业排放的化学薄雾以及大气严重污染带来的具有高电导率的雾、毛毛雨和雪也可列为此类。内陆地区盐湖、盐场等地方产生的污秽也属此类。

3. 污闪发生过程

污闪发生过程有四个阶段：绝缘子积污、污层湿润、局部电弧出现和发展、电弧发展形成闪络。

【3-2】绝缘子冰雪闪络故障

1 故障基本情况

1.1 故障信息

（1）2011 年 2 月 26 日 2 时 26 分，750kV××Ⅰ线单相故障跳闸，A 相故障，重合成功。故障测距：距 A 站 44.54km，距 B 站 128.71km。

（2）2011年2月26日2时29分，750kV××Ⅱ线单相故障跳闸，A相故障，重合成功。故障测距：距A站45.54km，距B站127.43km。

（3）2011年2月26日2时34分，750kV××Ⅰ线单相故障跳闸，C相故障，重合成功。故障测距：距A站45.91km，距B站126.42km。

（4）2011年2月26日2时51分，750kV××Ⅰ线单相故障跳闸，B相故障，重合成功。故障测距：距A站47.98km，距B站125.31km。

1.2 故障区段情况

750kV××Ⅰ、Ⅱ线路全线同塔双回架设，全长2×172.14km，共有铁塔基础310基。最长耐张段9.632km，最短耐张段0.317km（不计进出线档），平均耐张段长3.513km，最大档距1233m，平均档距553m。

整条线路总体上呈现西北—东南走径，沿线总体海拔在590～1523m。沿线地形基本上以山区为主，各种地形所占比重如下：平地占线路总长度的7.1%，丘陵占线路总长度的17.4%，山地占线路总长度的74.5%。

根据行波及保护测距数值，初步判定线路故障区段为205～216号。经查线路台账，发生故障区段导线型号为6×LGJ－500/45，导线布置方式水平六分裂形式。杆塔左侧架设JLB20A－150地线，右侧架设OPGW－120光缆，OPGW均采用逐塔接地方式。设计冰厚15mm，直线塔采用双Ⅰ串瓷质绝缘子，型号：XWP－300，爬电比距36mm/kV。耐张塔采用双串瓷质绝缘子，型号：CA－596EY，爬电比距38mm/kV。故障区段平均海拔高度为1300～1400m，主要地形为山地，现场位置信息为山顶。气候类型为温带季风气候区，常年主导风为东北风，风速为≤30m/s，常年平均气温在7.3℃左右，年均降水量425.6mm。

2 故障现场调查

2.1 故障点情况

2011年2月26日，故障巡视人员逐基登塔发现207号（耐张塔）Ⅰ线大号侧A、B、C三相及Ⅱ线大号侧A相绝缘子串均有闪络痕迹，与线路保护所测故障线路和相别完全相符。其中Ⅰ线B相（下相）大号侧，内串第30、32、33片，共3片绝缘子有闪络烧伤痕迹，外串第1、3、5～10、14、15、17、19、20～23、31、33片，共18片绝缘子有闪络烧伤痕迹；Ⅰ线A相（中相）大号侧内串第9～11、14、15、23、24片，共7片绝缘子有闪络烧伤痕迹，外串每片均有放电痕迹；Ⅰ线C相（上相）大号侧，内串第5、9、10、15、16、21、23、24片，共8片绝缘子有闪络烧伤痕迹，外串每片均有放电痕迹；Ⅱ线A相

(中相)大号侧，内串第 3、8、12、14、15、16、19 片，共 7 片绝缘子有闪络烧伤痕迹，外串每片均有放电痕迹。750kV××Ⅰ、Ⅱ线 207 号杆塔整体如图 3-2-1 所示，Ⅰ线 B 相大号侧绝缘子闪络痕迹如图 3-2-2 所示，Ⅰ线 A 相大号侧绝缘子闪络痕迹如图 3-2-3 所示，Ⅰ线 C 相大号侧绝缘子闪络痕迹如图 3-2-4 所示，Ⅱ线 A 相大号侧绝缘子闪络痕迹如图 3-2-5 所示。

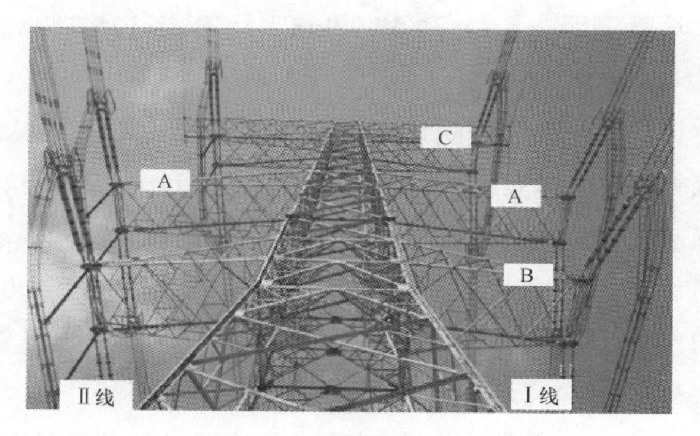

图 3-2-1 207 号杆塔整体

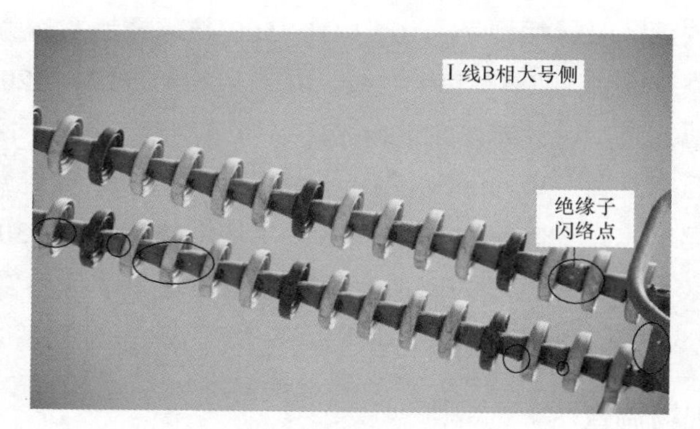

图 3-2-2 Ⅰ线 B 相大号侧绝缘子闪络痕迹

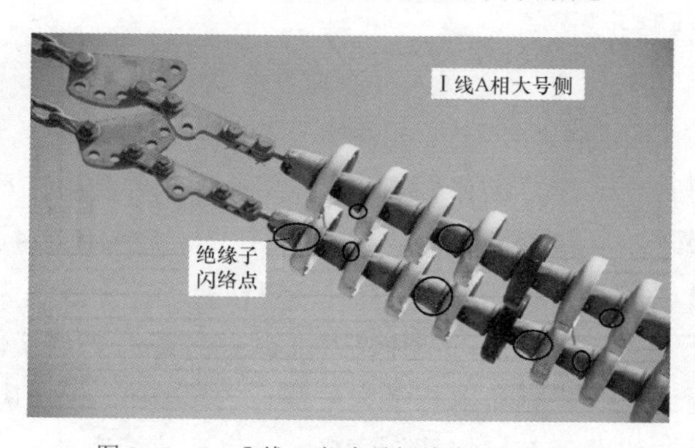

图 3-2-3 Ⅰ线 A 相大号侧绝缘子闪络痕迹

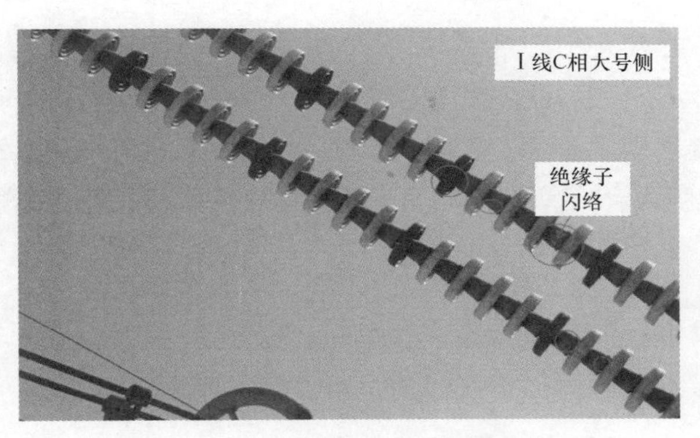

图 3-2-4 Ⅰ线 C 相大号侧绝缘子闪络痕迹

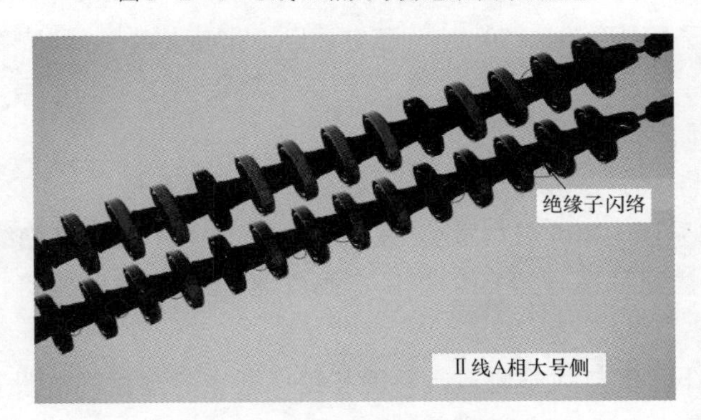

图 3-2-5 Ⅱ线 A 相大号侧绝缘子闪络痕迹

2.2 故障塔位运行工况

该塔位于永寿县与麟游县交界处的永寿梁大山中，线路为南—北走向，海拔为 1509.23m。该线路采用同塔双回架设，塔型为 JGUB1 耐张塔，导线上中下排列，周围是绵延的大山沟，植被较好，附近无任何污染源。207 号塔周围环境如图 3-2-6 所示。

图 3-2-6 207 号塔周围环境

2.3 故障时段天气

2011 年 2 月 25～27 日，线路沿线出现一次 2011 年第一次较大范围的有效降水过程，相继出现了沙尘、雾霾、冻雨、大雪等恶劣天气。巡视人员到达 207 号基面，现场温度为 −2℃并伴有冻雨，树枝及草杆上因冻雨有覆冰，塔身有 4mm 左右覆冰。

3 原因分析

3.1 分析过程

207 号塔型为 JGUB1，绝缘配合为双联 33×CA−596EY（NGK）瓷质绝缘子，整串绝缘子爬距为 18 150mm，爬电比距 38mm/kV，达到 C 级污区爬距要求的上限（32−38cm/kV），满足 C 级污区的爬距要求。207 号塔周围环境如图 3−2−6 所示。

206 号塔与 207 号塔处于同一山梁上且海拔高度最高（1523m），但却没有发生闪络的原因：206 号为直线塔，大雾湿沉降只能造成绝缘子上表面积污，绝缘子伞裙里面是干净的，并且冻雨并未造成绝缘子桥接，因此不会造成污闪。

207 号塔小号侧与大号侧运行环境和绝缘配置完全相同却没有发生闪络的原因：故障巡视人员到达现场时风向为东南风，即风向为从大号侧吹向小号侧，这样造成了大号侧绝缘子伞裙内外均有积污，最后导致污闪。而小号侧与悬垂串绝缘子相似，只有绝缘子上表面积污，伞裙内是干净的，虽有冻雨，但未造成绝缘子桥接，因此不会造成污闪。

3.2 分析结论

207 号杆塔海拔 1509.23m（全线海拔最高为 1523m），与 208 号之间档距 903m，跨越大沟，此地形容易形成水汽通道。虽然 207 号塔绝缘配置已达二级污秽区上限。但由于跳闸当天夜晚持续冻雨、浓雾天气，而且自去年冬季以来北方干旱少雨，空气中粉尘污染较往年增加较多，加上 207 号塔独特的地形条件，经分析判断为大雾湿沉降和冻雨造成绝缘子表面快速积污引起沿面闪络。

4 防治措施

鉴于该处故障点的偶然性和特殊性，并考虑防治措施实施的便捷性和经济性，因此本案例采取喷涂 RTV 防污涂料，同时在现有耐张绝缘子串上每三片加装一片复合材料的增爬伞群的综合防治措施。

【3－3】常用防污闪措施

架空输电线路常用防污闪措施主要包括更换复合绝缘子、喷涂防污闪涂料、加装辅助伞裙、瓷复合绝缘子等措施。

1　更换复合绝缘子

将线路原有的瓷质绝缘子或玻璃绝缘子更换为复合绝缘子是防污闪重要的技术措施之一。常见复合绝缘子如图 3－3－1 所示。

图 3－3－1　常见复合绝缘子

在同样的爬距及污秽条件下，复合绝缘子防污闪能力明显高于瓷质绝缘子和玻璃绝缘子，其原因如下。

（1）硅橡胶伞裙表面为低能面，憎水性良好，且可迁移，使污秽层也具有憎水性，污层表面的水分以小水珠的形式出现，难以形成连续的水膜。其在持续电压的作用下，不像瓷质绝缘子和玻璃绝缘子那样形成集中而强烈的电弧，表面不易形成集中的放电通道，从而具有较高的污闪电压。

（2）复合绝缘子杆径小，同污秽条件下表面电阻比瓷质、玻璃绝缘子要大，污闪电压也相应要高。

（3）与瓷质、玻璃绝缘子下表面伞棱式结构不同，复合绝缘子伞裙的结构和形状也不利于污秽的吸附及积累，不需要清扫积污，有利于线路的运行维护。

复合绝缘子除了具有优异的防污性能外，其机械强度高、体积小、重量轻，运行维护简便，经济性高。复合绝缘子属于不可击穿型结构，不存在零值检测问题。

但是，随着复合绝缘子使用量的剧增，其闪络和损坏的事例也日趋增多。复合绝缘子现场损坏原因主要包括：机械方面的损坏，主要包括脆断、舞动等因素导致的芯棒折断等。这类事故后果严重，可能导致电网发生恶性事故；绝缘子的电气损坏，如闪络、内击穿等。国内复合绝缘子损坏现象多发生于早期产品，主要原因包括选材不当及工艺不成熟等。复合绝缘子的年损坏率约为0.005‰，优于世界其他国家的平均水平。但需要指出，复合绝缘子也会发生污闪故障，其原因有：表面快速积污或积污过多，造成憎水性难以迁移；气候环境等外因造成绝缘子憎水性减弱或暂时丧失；硅橡胶材料老化造成憎水性及污闪性能下降等。

2 RTV 防污闪涂料

防污闪涂料，包括常温硫化硅橡胶及硅氟橡胶（RTV，含 PRTV）属于有机合成材料，主要成分均为硅橡胶，主要应用于喷涂瓷质绝缘子或玻璃绝缘子，提高线路绝缘水平。目前防污闪涂料分为 RTV－Ⅰ型和 RTV－Ⅱ型。

RTV 防污闪涂料均由以硅橡胶为基体的高分子聚合物制成，其防污性能表现在两个方面：憎水性及其憎水性的自恢复性；憎水性的迁移性。在绝缘子表面施涂 RTV 硅橡胶防污闪涂料后，所形成的涂层包覆了整个绝缘子表面，隔绝了绝缘子和污秽物质的接触。当污秽物质降落到绝缘子表面时，首先接触到的是 RTV 硅橡胶防污闪涂料的涂层。涂层的性能就变成了绝缘子的表面性能。当 RTV 硅橡胶表面积累污秽后，RTV 硅橡胶内游离态憎水物质逐渐向污秽表面扩展。从而使污秽层也具有憎水性，而不被雨水或潮雾中的水分所润湿。因此该污秽物质不被离子化，从而能有效地抑制泄漏电流，极大地提高了绝缘子的防污闪能力。涂覆防污闪涂料后的绝缘子如图 3－3－2 所示。

图 3－3－2　涂覆防污闪涂料后的绝缘子

新建和扩建架空输电线路瓷质（玻璃）绝缘子应依据最新版污区分布图进行外绝缘配置，中重污区的瓷质（玻璃）绝缘子配置宜采用表面喷涂 RTV 防污闪涂料方式。

RTV 涂料只有经过现场施工环节才能成为完整的防污闪产品。到目前为止，RTV 的施工仍然易成为该产品的一项薄弱环节，在条件许可的前提下，优先考虑设备出厂前在绝缘子上涂覆 RTV 的生产方式或采用类似于工厂环境下涂覆 RTV 的生产方式。

RTV 涂料现场施工保证厚度的有效办法：涂层厚度的保证，可用不同的施工要求来实现。一般喷涂一遍厚度平均在 0.2mm 左右。三遍喷涂厚度可以保证 0.5mm 左右。因此可以要求：喷涂大于两遍；抽样测厚以绝缘子上表面为检测点，这样既保证颜色的美观，又保证了胶膜的厚度。

可采用色差较大的涂料分层喷涂的施工工艺保证 RTV 涂层的厚度，防止漏涂现象的发生，提高施工质量，确保不因涂层厚度的原因而影响涂层使用寿命的现象发生。

因此，在基建和时间宽松的设备检修过程中，建议采用双色交叉喷涂，可选用白色和红棕色涂料交叉喷涂，要求喷涂大于两遍，每遍喷涂后必须彻底固化（固化时间以该种涂料型式试验报告的固化时间为准）才允许喷涂第二种颜色的涂料，每遍喷涂后测量涂料厚度，可以取典型设备 3～5 个抽样测量。

在时间较短的设备检修喷涂时，可以采用单色喷涂，但必须分多次喷涂，每次喷涂必须至少表干。并且不得一次喷涂过厚（一次喷涂过厚会造成涂层堆积、流淌，涂料表面粗糙等现象）。喷涂完成后对全部喷涂设备进行厚度抽检。

3 防污闪辅助伞裙

防污闪辅助伞裙（通常的硅橡胶增爬裙），指采用硅橡胶绝缘材料通过模压或剪裁做成硅橡胶伞裙，覆盖在电瓷外绝缘的瓷伞裙上表面或套在瓷伞裙边，同时通过黏合剂将它与瓷伞裙黏合在一起，构成复合绝缘。防污闪辅助伞裙如图 3-3-3 所示。

图 3-3-3 防污闪辅助伞裙

防污闪辅助伞裙主要优点如下：

（1）增加原有绝缘子串的爬电距离，提高线路绝缘水平。

（2）有效阻断沿绝缘子表面建立冰桥的通道，防止发生覆冰和覆雪闪络。

但是采用防污闪辅助伞裙的同时应注意合理布置防污闪辅助伞裙的分布间距。对于 500kV 超高压输电线路，防污闪辅助伞裙通常每隔 3～4 片绝缘子粘贴 1 片。

由于硅橡胶伞裙与瓷伞裙界面间胶合的黏合剂（RTV 硅胶）作为组合绝缘的一部分，与硅橡胶伞裙一起在污湿状态下起主绝缘的作用，承受相当高的分布电压。因此，要求有很高的绝缘性能、黏结强度和抗老化性能。黏结材料选择不当，会造成瓷伞裙与硅橡胶伞裙之间失去黏结能力；黏结工艺不当，会存在气泡或部分界面没有黏合，失去绝缘的作用。

硅橡胶伞裙套表面应平整光滑，无裂纹、无缺胶、无杂质、无凸起，伞套边缘无软挂、塌边等现象，合缝应平整，安装成型后的伞裙套上表面要求具有18°左右的下倾角。

投入运行后，要注意巡视。如发现搭口脱胶，或在黏结区有放电现象，或硅橡胶伞裙憎水性消失，应及时更换。

运行中巡视检查伞裙套表面有无裂纹、粉化、电蚀情况，黏结区有无脱胶、开裂、放电现象，特别在恶劣天气下，如雨、雪、融雪、雾天等，应加强巡视观察，发现伞裙套黏结区有明显放电火花，或伞裙套表面憎水性消失时，应及时更换。对于刚安装的辅助伞裙要求憎水性一般为 HC1～HC2 级。对已经运行的要求一般应为 HC3～HC4 级。憎水性测试方法见《常温硫化硅橡胶防污闪涂料技术管理原则》。

运行中伞裙套出现局部变形，如裙边少量塌边，部分搭口脱胶，不会对瓷件本身的绝缘水平产生负效应，可在适当的机会，对脱胶处作补胶黏合处理。

线路绝缘配置必须兼顾防污、防覆冰和防覆雪的需要。宜采取绝缘子串中加装若干辅助伞裙；绝缘子串顶部加装大盘径伞裙或封闭型均压环；使用大盘径绝缘子插花串以及复合绝缘子采用一大多小相间隔的伞裙等措施防止发生覆冰和覆雪闪络。

硅橡胶伞裙的电气试验项目：

（1）干湿状态下每片硅橡胶伞裙的绝缘电阻（＞50MΩ）；

（2）单片耐受电压大于设计给定值。

4　瓷质复合绝缘子

瓷质（玻璃）复合绝缘子综合了瓷质（玻璃）绝缘子和复合绝缘子的优点，一是端部连接金具与瓷质（玻璃）盘具有牢固的结构，保持了原瓷质（玻璃）绝缘子稳定可靠的机械拉伸强度；二是在瓷质（玻璃）盘表面注射模压成型硅橡胶复合外套，又使其具备了憎水、抗老化、耐电蚀等一系列优于瓷质（玻璃）绝缘子的特点。常见瓷质复合绝缘子如图 3－3－4 所示。

瓷质（玻璃）复合绝缘子端芯棒采用高强瓷（玻璃），很好地解决了悬式复合绝缘子的芯棒“脆断”问题。同时解决了复合绝缘子不能用于耐张串的问题。

瓷质（玻璃）复合绝缘子需要考虑的是瓷（玻璃）的劣化问题，复合外套与瓷（玻璃）的连接面的黏结问题，以及如何提高其耐陡波冲击水平。

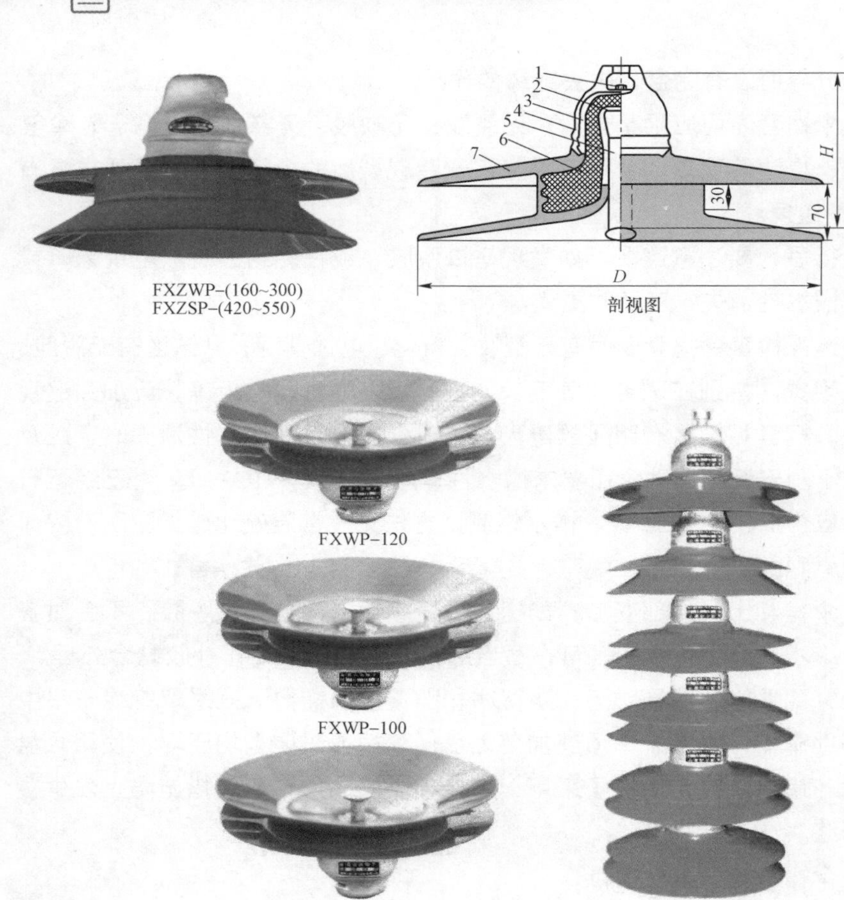

图 3-3-4 常见瓷质复合绝缘子

第4章　外力破坏原因

【4-1】烟火短路故障典型案例

1　故障基本情况

1.1　故障信息

2017年4月20日19时23分，750kV××线故障跳闸，选相B相，重合不成功；20时35分恢复送电。行波测距：距A站71km，距B站79.6km。

1.2　故障区段情况

根据故障测距，初步判断故障区段为160～185号塔。该段线路位于玛纳斯地区，走向为由西向东，线路导线型号为LGJ－400/50，导线布置方式水平六分裂形式。杆塔左侧架设JLB20A－150型地线，分段绝缘，单点接地；右侧架设OPGW－120型光纤复合架空地线，采用逐塔接地方式。直线塔边相采用单Ⅰ型复合绝缘子串，中相采用单V型复合绝缘子串；耐张绝缘子为双串瓷质绝缘子。故障区段海拔高度为1500～1600m，主要地形为平原、湿地。

2　故障现场调查

2.1　故障点情况

2017年4月21日，故障巡视人员发现184～185号塔导线正下方有大面积烧荒痕迹，184～185号塔（距离184号塔308m）B相导线上有放电点。导线放电烧伤痕迹如图4－1－1所示，184～185号塔平断面图如图4－1－2所示，故障区段线路走径图如图4－1－3所示。

2.2　故障塔位运行工况

184～185号塔位于安吉海水库一区和二区之间，现场地形为湿地，面积约为160万平方米，线路廊道下方长满芦苇，近两年发现附近有农户将其开垦为农田地。184号塔塔型为ZB－191，呼高39m；185号塔塔型为ZB－192，呼高42m。184～185号塔档距为467m，故障点导线对地垂直距离19.7m。

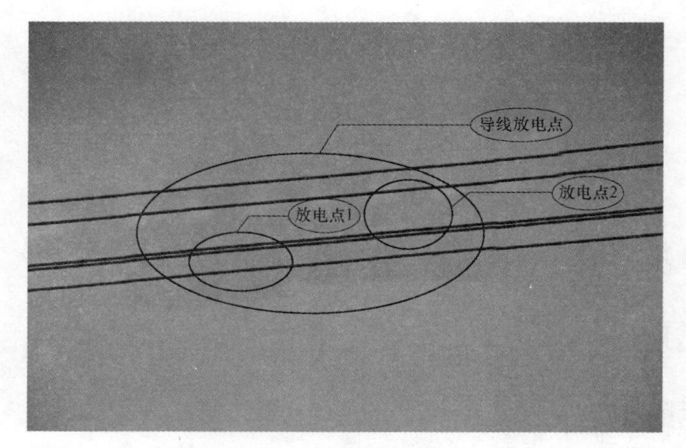

图 4-1-1　导线放电灼伤

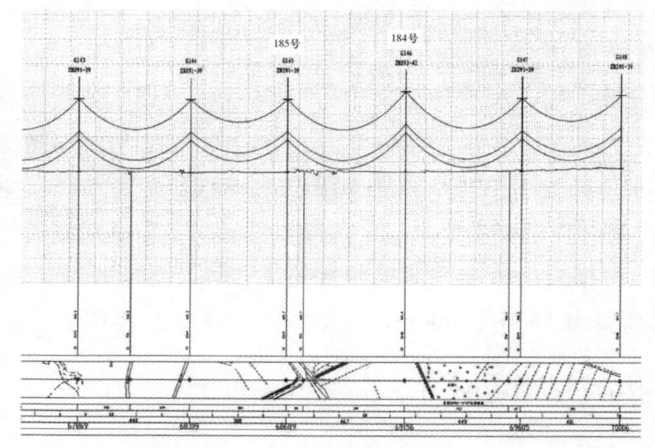

图 4-1-2　184～185 号塔平断面图

图 4-1-3　故障区段线路走径图

2.3 故障时段天气

晴天，气温18℃左右，西南风，风力2～3级，相对湿度45%RH，气压1005hPa。

3 原因分析

故障发生时，天气晴好。故障巡视发现线路下方有明显烧荒痕迹，上方导线有明显灼伤点，杆塔导线弧垂校核满足设计要求。走访线路附近牧民了解到：4月20日18时左右，一名牧民在184～185号塔线路外侧距离故障点180米处放牧并点燃芦苇荡，着火过程中伴随弧光和巨响。综合故障区段的地理特征、气候特征、现场情况及保护动作情况，分析线路跳闸故障原因为导线下方苇荡着火，引起单相接地故障跳闸。

4 防治措施

（1）加大通道内易燃物专项排查清理力度。对线路保护区范围内烧荒隐患开展专项排查，建立并完善档案，并与相关管理部门、单位及个人签订安全协议，制订通道全面清理计划，定期消除烟火短路风险。

（2）在烧荒高发区安装在线监测预警装置，实时监控并及时发现现场烟火等异常情况。

（3）加大线路沿线电力设施保护宣传，严惩破坏电力设施的违法行为。

延伸阅读

火焰温度是导致输电线路绝缘强度下降的重要因素，一方面降低火焰和线路间隙的空气密度，另一方面促进放电的发展，在试验中，火焰温度使间隙的绝缘强度下降到正常条件下的1/3左右。

因此火焰对线路的绝缘有比较明显的影响，当植被富含无机盐特别是碱金属盐，发生林火时，对线路的外绝缘影响就会比其他植被严重。

输电线路在山火条件下的闪络是火焰温度、电导率、固体颗粒和气候与地形等相互作用的综合结果。这些因素的综合作用可以导致输电线路发生山火跳闸事故。

植被特别是秸秆和枝叶，在燃烧过程中会产生大量碳化的固体颗粒和灰烬，飘浮在导线与地和导线与导线间隙之中。这些浮动电位的颗粒电导率高并且形状为针形，能激变颗粒附近的电场并促进放电发展，特别是在火焰高温和空间电荷的共同作用下更有利于流注放电发展，使输电线路相地和相间间隙的绝缘强度急剧下降。

【4-2】塑料薄膜导致相间闪络故障

1 故障基本情况

1.1 故障信息

2013年2月9日10时38分，750kV××线故障跳闸，重合闸未动作。故障测距：距A站4.594km，相别AB相。

1.2 故障区段情况

根据保护测距，初步分析故障区段为324～326号。经查线路设计文件，线路设计最大风速40m/s、最高温度40℃、雷暴日数40日、最大覆冰10mm、海拔2500～3000m，导线采用6×LGJ-400/50型钢芯铝绞线，6根导线呈正六边形布置，分裂间距400mm，地线一侧采用OPGW-145光缆，另一侧采用JLB20A-150铝包钢绞线。

2 故障现场调查

2.1 故障点情况

2013年2月9日，故障巡视人员发现325号塔小号侧A相导线第一个间隔棒处缠有异物（塑料地膜），如图4-2-1所示；同时在与其对应的B相导线（距B相导线第一个间隔棒约30cm）处有明显放电灼伤痕迹，如图4-2-2所示；B相放电通道如图4-2-3所示。

图4-2-1 A相导线悬挂异物

图 4-2-2 B 相导线表面放电烧伤痕迹

图 4-2-3 B 相放电通道

2.2 故障塔位运行工况

线路故障区段路径走向由西至东，324 号塔所处地点为半山坡，下坡后经 325 号塔转位后延村庄向东走线。故障区段运行环境如图 4-2-4 所示，325 号塔周边村民主要以种植果树、农田为主。故障当日，排查人员到达指定地点发现该地区为半山坳内，有间断性旋风，当时最大风速 20.2m/s。

3 原因分析

故障巡视人员在巡视中发现，325 号塔小号侧 A 相导线第一个间隔棒处缠有异物（塑料地膜），同时在与其对应的 B 相导线（距 B 相导线第一个间隔棒约 30cm）处有明显放电烧伤痕迹 A 相导线异物挂接位置与 B 相导线上放电点烧伤痕迹位置吻合，且在线路其他位置未发现任何异常点。

图 4－2－4　故障区段运行环境

经对故障档附近及周边区域村民进行探访，当日该地区部分农田正在进行春灌农耕工作，经观察新铺地膜普遍存在未压实及裸放在地面的问题，而越冬老化的塑料未进行整理，废旧塑料地膜随处可见。

根据现场走访村民了解到的天气情况，故障发生时当地天气为大风天气（间断性旋风）。

因此判断由于旋风刮起废弃的潮湿塑料地膜，搭挂在导线上，引发线路相间短路故障。

4　防治措施

（1）结合实际条件，进一步对输电线路周边居民进行电力设施保护宣传，适时、合理借助广播、电视媒体进行专题宣讲，在输电线路辖区内特别在外力破坏易发区段搭建群众联防体系，全面优化设备运行环境。

（2）结合季节变化特点，加强输电线路此类故障隐患点的排查和整治工作，主要整治线档内地膜塑料覆盖不实、随意丢弃及大棚塑料绑扎不牢固、绑线易反弹等问题，通过对农耕集中区缩短巡视周期，及时健全、更新输电线路通道内外力破坏隐患库。

（3）对位处外力破坏易发区输电线路安装视频在线监测系统，做到对设备运行状况的实时监控，对监控发现的各类异常问题提前采取预防措施，提高设备的健康水平。

延伸阅读

1. 外力破坏分类

输电线路外力破坏根据设备属性分为架空线路和电缆线路两个部分，架空线路外力破坏分为盗窃及蓄意破坏、施工（机械）破坏、异物短路、树木砍伐、钓鱼碰线、火灾、化学腐蚀、非法取（堆）土、爆破作业破坏、采空区（煤矿塌陷区）共10个类型；电缆线路外力破坏分为盗窃及蓄意破坏、施工（机械）破坏、火灾、塌方破坏、船舶锚损共5种类型。

2. 异物短路

异物短路主要由彩钢瓦、广告布、气球、飘带、锡箔纸、塑料薄膜（地膜）、风筝线以及其他一些轻型包装材料缠绕至导地线或杆塔上、短接空气间隙后造成的短路故障，这些异物一般呈长条或片状、受大风天气影响、引发输电线路故障的随机性较大。

【4-3】遮阳网导致单相闪络故障

1　故障基本情况

1.1　故障信息

2015年6月9日22时50分，750kV××Ⅰ线单相故障跳闸，相别C相，重合未成功。6月10日1时10分，试送成功。故障测距：距A站27.05km，距B站105.7km。

1.2　故障区段情况

750kV××Ⅰ线全长132.117km，导线型号为：单回段JLHA3－450，双回段JL1/LHA1－365/165；地线型号为：单回段JLB20A－120和OPGW－15－120－1，双回段JLB20A－150和OPGW－17－150－1；绝缘子型号为：U420B/205、FXBW－750/210、FXBW－750/300、FXBW－750/420。

2　故障现场调查

2.1　故障点情况

根据保护测距信息，确定故障区段为218～221号。6月10日，故障巡视人员发现219～220号档中地面有防晒布条，且地面有燃烧的碎片，线路通道附近有塑料大棚，通过照相机放大观测到 C 相导线上有微小的放电痕迹，不影响运行，确定该处为故障点。故障区段现场环境如图 4-3-1 所示，导线放电痕迹如图 4-3-2 所示，异物放电灼烧痕迹如图 4-3-3 所示。

图 4-3-1 故障区段现场环境

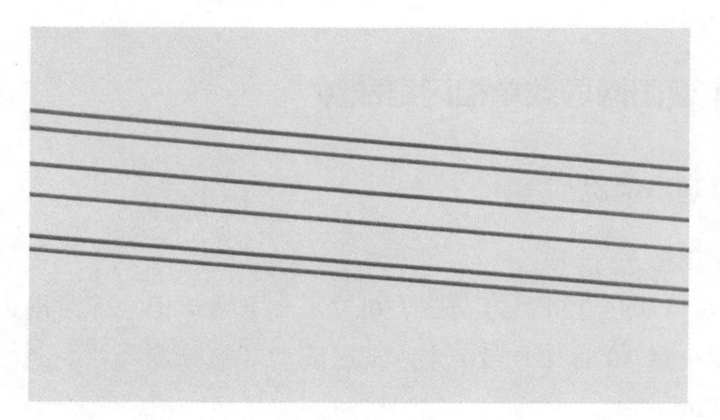

图 4-3-2 导线放电痕迹

图 4-3-3 异物放电灼烧痕迹

2.2　故障区段运行工况

该段线路处于秦岭北麓的平原地区，走径较为平坦，周围地形开阔。沿线旱地农田较多，附近无污染源。海拔为 484m。

2.3　故障时段天气

2015 年 6 月 9 日，故障区段天气情况：晴，风力达 6 级以上，局部地区 7～8 级。

3　原因分析

故障区段内无影响安全运行的树木，且边坡安全距离符合要求，通道内未见异常及活动人员，综合考虑故障区段的地理特征、气候特征、故障巡视情况，排除线路污闪、树害、等引起线路故障的可能性。结合 219～220 号通道线下残留的防晒布条、燃烧的碎片及导线放电烧伤痕迹，判定故障原因为：故障区段由于防晒布条被大风吹起搭落在 219～220 号 C 相导线上，导致线路单相接地。

4　防治措施

（1）结合线路迎峰度夏及通道树木、交跨、外破点排查治理及督查工作，对线路沿线塑料大棚、临时建筑、施工点、特殊区域进行特巡排查，汇总统计可能发生异物短路的重点线路及重点区段，及时向沿线单位、大棚户主下发安全告知书、进行安全告知，并采取措施对大棚塑料薄膜、可能吹起的异物进行固定，杜绝异物故障再次发生。

（2）加大电力设施保护的宣传力度。日常通过巡视向线路周边群众、相关单位、施工队伍发放电力设施保护宣传材料、进行电力法律、法规教育，召开电力设施保护座谈会，增强人民群众爱线、护线意识。

（3）吸取本次故障跳闸教训，举一反三做好类似情况的排查治理工作，对发现的异物隐患及时进行处理。

【4－4】违章施工导致杆塔倾倒故障

1　故障基本情况

1.1　故障信息

2014 年 8 月 15 日 14 时 14 分，750kV××线三相故障跳闸，重合闸未动作。故障测距：距 A 站 11.5km。

1.2 故障区段情况

根据保护测距，初步分析故障区段为 30～40 号。经查线路台账，发生故障区段主要组合气象条件为最大风速 15m/s，1～135 号设计覆冰 10mm，海拔 1305～1557m，线路左侧架设 GJ－80 地线，右侧架设 OPGW－120 光缆，OPGW 均采用逐塔接地方式。故障区段按 b 级污秽区设计，导线采用 6×LGJ－400/50 型钢芯铝绞线，子导线布置方式采取水平六分裂形式，采用 400mm 分裂间距，间隔棒型号为 FJZ－640/400。直线塔采用瓷质绝缘子成 I 串，型号：300kN 级双伞型，泄漏比距 2.32cm/kV；耐张塔采用双联 420kN 标准型瓷质绝缘子成双串，泄漏比距 2.37cm/kV，按 c 级污区设计。

2 故障现场调查

2.1 故障点情况

2014 年 8 月 15 日，根据保护测距，故障巡视人员很快发现 034 号塔基大号侧发生严重滑坡，致使铁塔左前腿、右前腿基础滑坡，铁塔整体向大号侧倾覆，导线掉落至地面，如图 4－4－1 所示。

图 4－4－1 34 号铁塔向大号侧倾覆

2.2 故障塔位运行工况

故障杆塔 34 号均为单回直线塔，该塔位地处荒山山顶，山上无较高植被，海拔为 1415.49m。

3 原因分析

34 号塔处于荒山的山顶，植被稀少，塔基周边无人畜活动痕迹，无异物，

34 号大号侧半个山体整体滑坡（见图 4–4–2）。大号侧山脚下距离塔基约 500 米处，中铁某局进行开挖隧道施工。由于隧道开挖安全措施不当，导致隧道坍塌，引发整个山体滑坡，山顶铁塔基础随滑坡位移，造成倒塔断线事故。

图 4–4–2　隧道坍塌造成山体整体滑坡

4　防治措施

34 号位于孤立山体上，自 2013 年 10 月开始，中铁某局在该山体开始隧道施工，事前未向我公司进行告知。线路巡视人员巡线发现施工情况后，2013 年 11 月 18 日向施工项目部送达了安全隐患整改通知书，双方签订了安全协议，同时加强该区段线路的运维工作，将巡视周期由两个月改为半月一次。2014 年 1 月 14 日，输电线路运维单位与中铁某局地质专家、铁路设计院总工对该山体进行了现场勘查，现场召开了山体勘查结果通报会，并录音保存，专家根据山体植被及表面土层情况得出结论："该处山体为生长成熟的地质，不会发生大面积坍塌及滑坡情况。"2014 年 8 月 12 日最后一次巡视线路杆塔、基础正常，山体未发现裂纹，本次山体滑坡为隧道塌方造成山体崩塌，隧道塌方原因由国家安监部门组织开展。

8 月 16 日 11 时，根据现场勘查结果，认为 034 号铁塔损坏变形严重，且处在滑坡体上，不具备架设临时线路进行原地恢复的条件，确定线路向南绕行，避开山体塌方地段，重新浇筑基础 2 基，新组立铁塔 2 基，架设 3 档导地线的具体恢复方案。

【4－5】常用外力破坏防范措施

（1）加强宣传教育工作，营造强大的保电氛围。利用广播、电视、报纸等各种舆论工具和新闻媒体，开展《电力法》的宣传，做好电力设施保护宣传工作。将《电力法》《电力设施保护条例及实施细则》，以及历年来供电企业各类外力破坏造成故障或事故的案例编制成宣传画册、漫画刊物、挂历、故事剧等形式，通过广播、电视、特种车辆宣传等方式方法，进行宣传与教育工作，引导和提高群众、社会力量对保护电力设施重要性、破坏电力设施严重性和危害性的认识，自发的形成一种保护电力设施的理念。

（2）争取政府、相关职能部门的配合和支持。依靠各级政府，同时争取相关职能部门的配合和支持，通过政府行为动员全社会做好电力设施的保护工作。结合线路运行实际情况，在政府的支持和配合下组织相关职能部门不定期进行座谈会，分析、研究、解决存在的问题，共同制定出保电意见和措施。

（3）加强重点区域巡视工作。对易发生外力破坏的区域［包括城区、城郊、乡（镇）村、厂矿企业、经济开发区、政府征占区等］，班组人员及电力设施保护（防外破）工作小组组员应根据实际情况，结合季节性特点加大隐患排查力度。

（4）安装新技术在线监测系统。在线监测系统通过全天候系统实时监控系统实时分析的方式，在线预警线路走廊附近状况，对发现的各类异常问题实时抓拍照片，即时自动播报语音提示信息，以短信的方式将告警信息发送至线路维护单位相关负责人手机上，同时也可在监控中心借助实时喇叭，及时制止危险行为。

第5章 覆 冰 原 因

【5-1】导、地线短路故障

1 故障基本情况

1.1 故障信息

2014年11月27日1时20分，750kV××线故障跳闸，选相A相，重合不成功，11月27日3时21分，恢复送电。行波测距：距离A站24km，距离B站259.6km。故障基本情况见表5-1-1。

表5-1-1 故障基本情况

电压等级	线路名称	跳闸发生时间	相别（极性）	重合/再启动情况	强送电情况		故障时负荷（MW）	备注
					强送时间	是否成功		
750kV	××	2014年11月27日1时20分	A相（左边相）	重合不成功	3时21分	是	97	
750kV	××	2014年11月27日3时27分	A相（左边相）	重合不成功	—	—	—	

1.2 故障区段情况

根据故障测距，初步判断故障区段为536～542号。该段线路位于巴音郭楞蒙古自治州，线路整体呈东西走向，发生故障区段导线型号为JL/LHA1-180/270-24/37，子导线呈六分裂布置。杆塔左侧架设JLB35-120地线，分段绝缘，单点接地；右侧架设OPGW-120光纤复合架空地线，采用逐塔接地方式。直线塔采用双I串复合绝缘子，耐张绝缘子为双串瓷质绝缘子。故障区段平均海拔高度为1700～2038m，地形为高山大岭，故障录波图如图5-1-1所示。

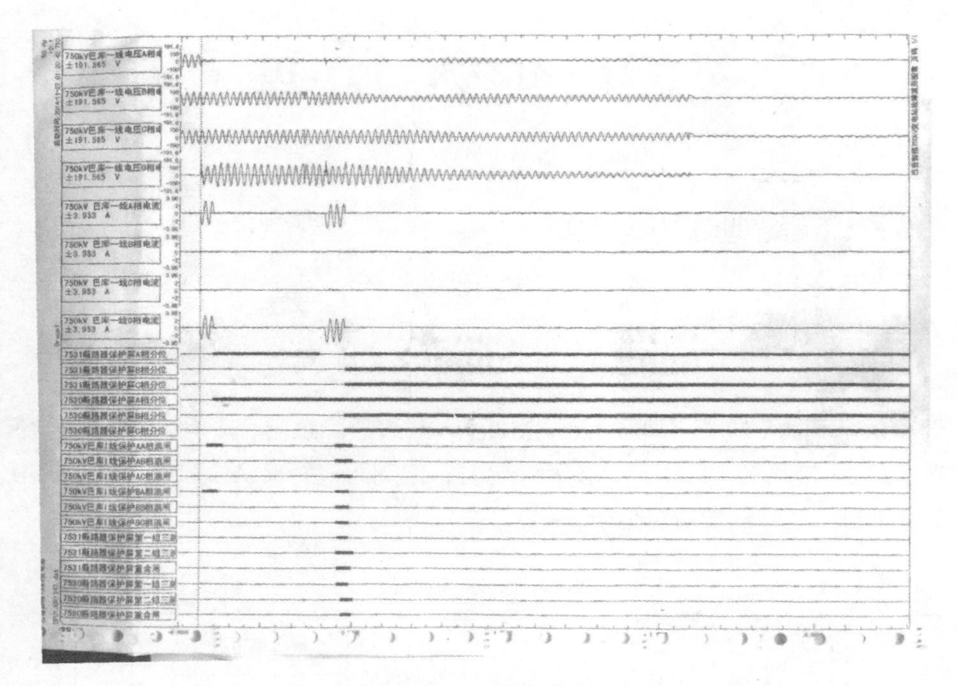

图 5-1-1　故障录波图

2　故障现场调查

2.1　故障点情况

2014 年 11 月 28 日 14 时，故障巡视时在 536 号塔（耐张塔）所在山腰处发现 535～536 号塔地线因严重覆凇（混合型凇）导致地线弧垂大幅下降，地线距离 538 号塔约 360 米处断股 4 根。532、534、536 号塔小号侧地线放电间隙均有电弧灼烧痕迹，537 号塔地线悬垂线夹损伤。巡视人员现场发现地线出现脱凇（混合型凇）跳跃，地线弧垂大幅回升。走访线路附近牧民了解，538 号塔附近发生放电巨响，故确定此处为线路故障点。538～539 号塔 A 相导线瞬时脱凇情况如图 5-1-2 所示；538 号地线断股情况如图 5-1-3 所示；538～539 号塔第 7～8 间隔棒间导线放电痕迹如图 5-1-4 所示；538 号塔地线线夹损伤如图 5-1-5 所示；线路通道全景如图 5-1-6 所示；现场导线、绝缘子覆凇情况如图 5-1-7 所示；538～539 号塔故障点整体情况如图 5-1-8 所示；538～540 号塔平断面图如图 5-1-9 所示。

图 5－1－2　538～539 号塔 A 相导线瞬时脱凇情况

图 5－1－3　538 号塔地线断股情况

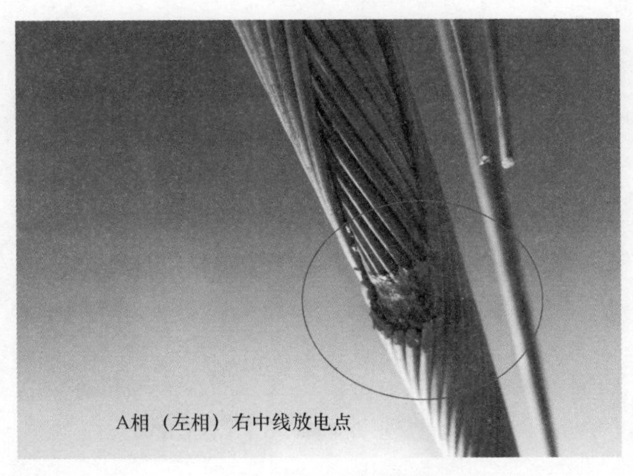

图 5－1－4　538～539 号塔第 7～8 间隔棒间导线放电痕迹

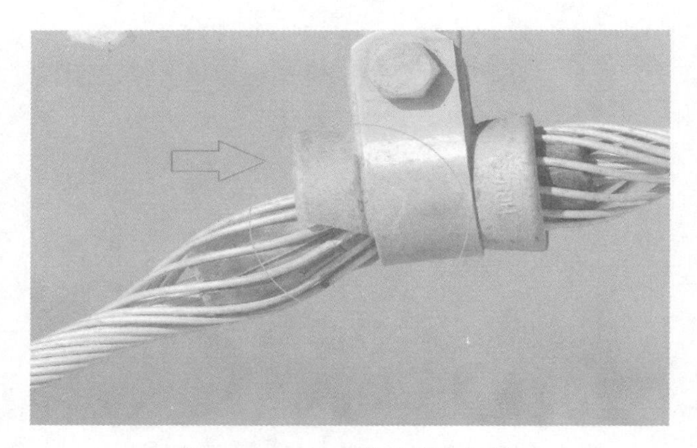

图 5-1-5　538 号塔地线线夹损伤

图 5-1-6　线路通道全景

图 5-1-7　现场导线、绝缘子覆凇情况

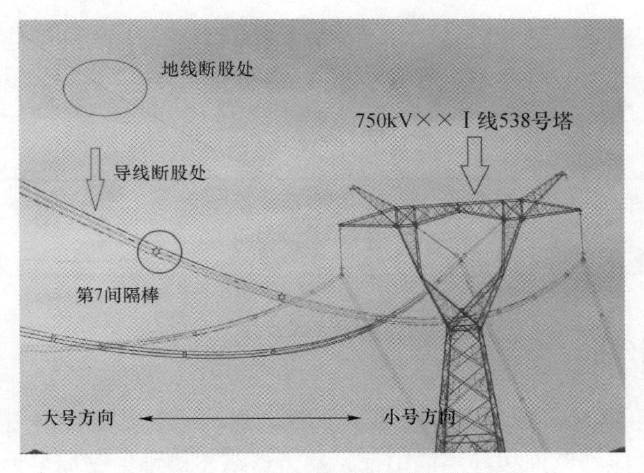

图 5-1-8　538～539 号塔故障点整体情况

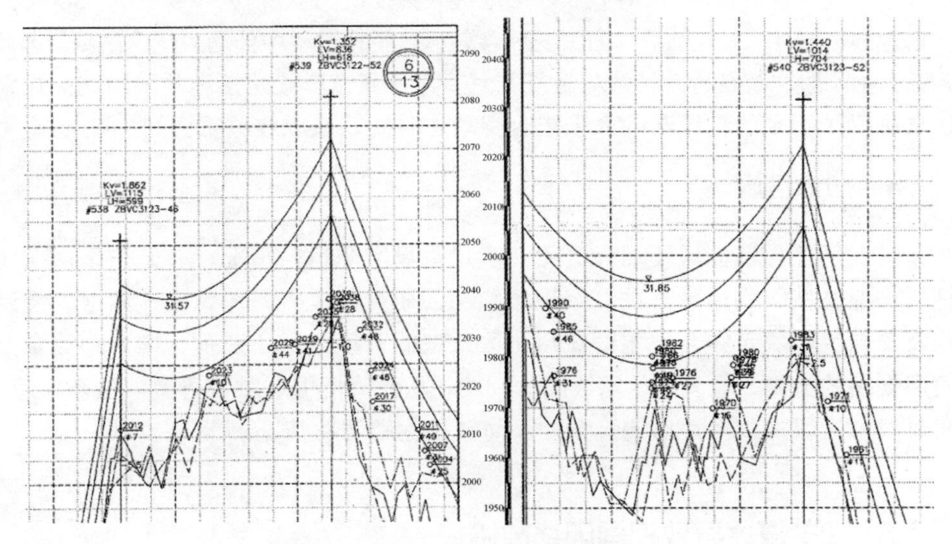

图 5-1-9　538～540 号塔平断面图

2.2　故障塔位运行工况

538～539 号塔位于牙哈镇附近，现场地形为高山大岭，档距 804m，该档翻越山脊，故障点导线对地垂直距离 36.2m。538 号塔塔型为 ZBVC3122，呼高 46m；539 号塔塔型为 ZBVC3123，呼高 52m。

2.3　故障时段天气

11 月 24～29 日，新疆气象台发布蓝色预警，受寒潮天气影响，新疆大部分地区气温骤降，局部大风、大范围降雪，故障区段天气条件恶劣。故障时段，线路故障区段现场气温-5～1℃，雨夹雪，相对湿度（RH）90%以上，西北风，山区局部微气象风力达7级。故障区段天气情况见表5-1-2。

表5-1-2 故障区段天气情况

气象台名称	监测时间	风速（m/s）	风向	与线路走向夹角（°）	气温（℃）	相对湿度（%）	气压	雨强	有无冰雹
—	27凌晨3～5时	约4	西北风	45～60	-4	90	—	—	—

3 原因分析

故障前后538～539号塔现场雾雪天气，导、地线上出现覆凇，而538号塔塔位接近该区段线路海拔最高的山顶，靠近该塔左侧地线覆凇最为严重，超出了地线线夹的设计承载能力，导致538号地线线夹损伤。巡视过程中观察到538～539号塔地线在脱冰（凇）前后弧垂变化幅度较大，脱冰过程中伴随大幅度跳跃。因此判断：由于脱冰跳跃导致地线与A相导线间隙不足造成线路接地故障跳闸。跳跃过程中间隙不足的持续时间大于重合闸动作时间，造成线路重合闸失败。

4 防治措施

综上所述，该区段覆凇设计无法满足现场实际运行情况，有无法采用增加杆塔、缩减档距的治理方式。经现场踏勘、研究、校核，考虑改造周期、经济性及安全性，决定结合停电对该耐张段采取收紧地线减小弧垂，增大地线金具使用规格的方式，增大导、地线间的间距，从而降低覆凇跳跃导致的故障概率。同时对山区段加装在线监测装置，及时掌握线路覆凇情况。

【5-2】覆冰导致相间闪络故障

1 故障简述

1.1 故障信息

2016年11月20日4时49分，750kV××Ⅱ线故障跳闸，选相B、C相（左中、左上相），重合不成功，11月20日6时40分，恢复送电。行波测距：距离A变电站39km，距离B变电站59.3km。

1.2 故障区段基本情况

根据故障测距，初步判断故障区段为79～83号塔。该段线路位于乌鲁木齐东南郊地区，走向为自北向南，发生故障区段导线型号为 6×LGJ－400/50。该线路与 750kV××Ⅰ线同塔双回，××Ⅰ线位于左侧。杆塔左侧架设 JLB20A－150 地线，分段绝缘，单点接地；右侧架设 OPGW－120（光纤复合架空地线），采用逐塔接地方式。直线塔采用双I串复合绝缘子，耐张绝缘子为双串瓷质绝缘子。故障区段海拔高度为 1064～1260m，地形为一般山地。故障录波图如图 5－2－1 所示。

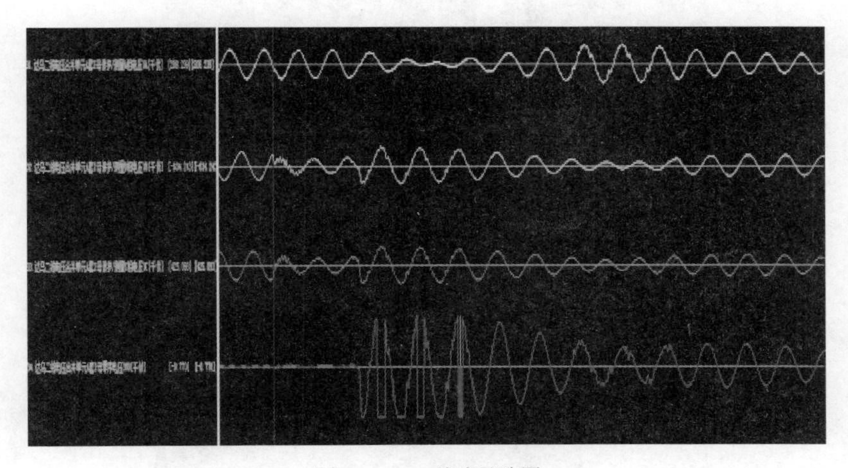

图 5－2－1　故障录波图

2　故障现场调查

2.1　故障点情况

2016 年 11 月 20 日 11 时，故障巡视人员发现 81 号塔小号侧 150m 处 B 相（中）导线有绞线情况，其中 C 相（左上相）、B 相（左中相）覆凇较少，覆凇厚度约 10mm，A 相（左下相）覆凇较多，覆凇厚度约 30mm，没有发现导、地线有断股情况。带电走线发现 80～81 号塔 C 相（上）右上线第 9 个间隔棒位置、B 相（中）右中线第 9 个间隔棒位置有明显放电灼伤痕迹。走访线路附近牧民了解，81 号塔附近发生放电巨响，故确定此处为线路故障点 80～81 号塔 C 相（上）右上线第 9 个间隔棒灼伤痕迹如图 5－2－2 所示；80～81 号塔 B 相（中）右中线第 9 个间隔棒灼伤痕迹如图 5－2－3 所示；放电通道全景如图 5－2－4 所示；81 号塔现场整体如图 5－2－5 所示；79～85 号塔平断面图如图 5－2－6 所示；线路故障区段线路走径图如图 5－2－7 所示；故障区段杆塔信息见表 5－2－1。

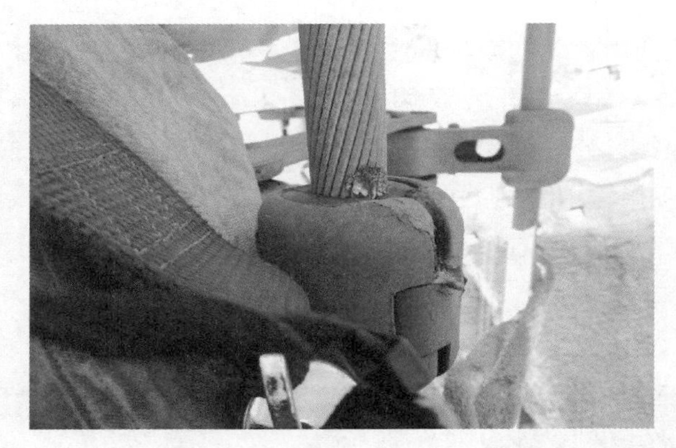

图 5-2-2　80～81 号塔 C 相（上）右上线第 9 个间隔棒灼伤痕迹

图 5-2-3　80～81 号塔 B 相（中）右中线第 9 个间隔棒灼伤痕迹

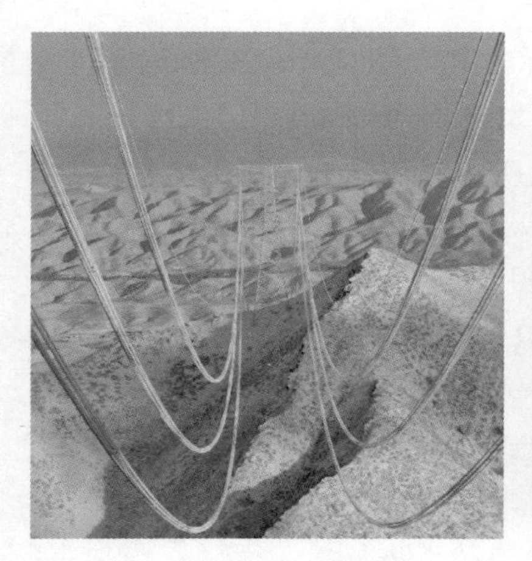

图 5-2-4　线路通道全景

图 5-2-5　81 号塔现场整体

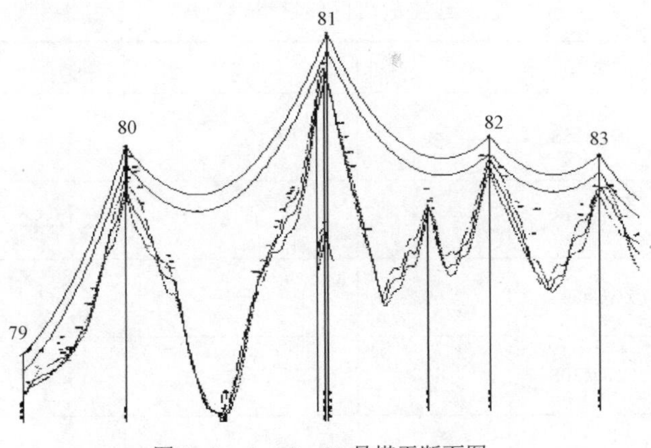

图 5-2-6　79～83 号塔平断面图

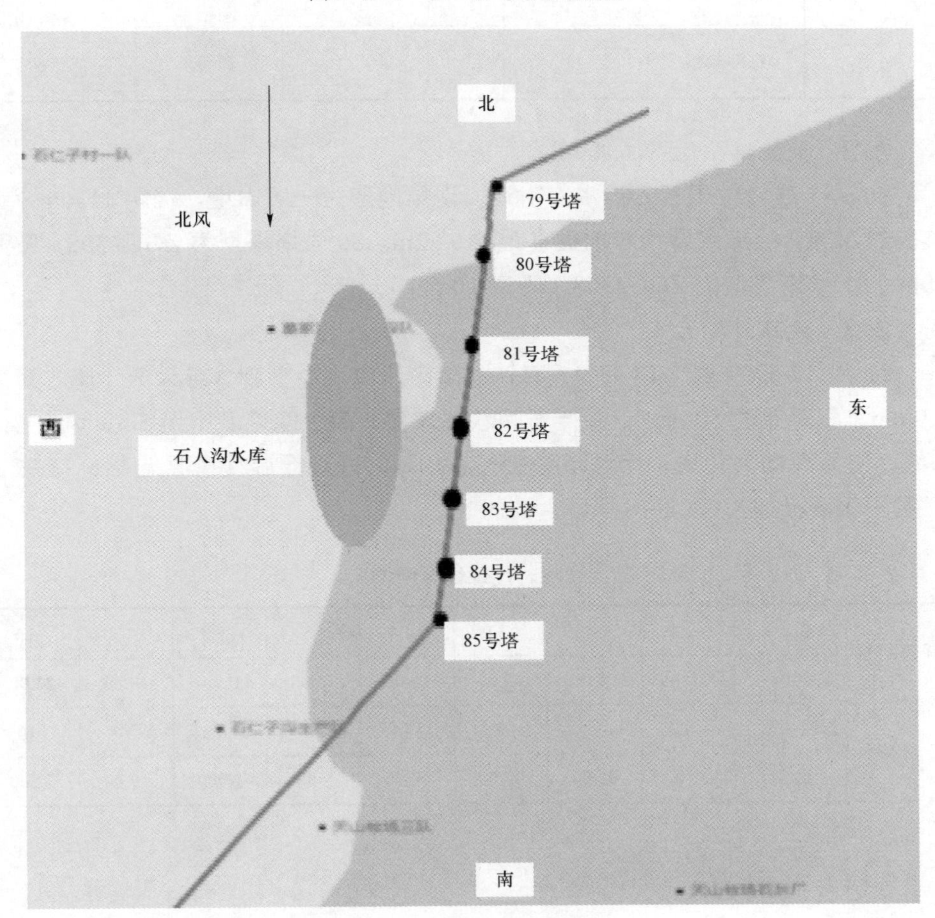

图 5-2-7　线路故障区段走径图

表 5-2-1　　线路故障区段杆塔信息表

杆塔	塔型	呼高（m）	档距（大号侧，m）	高程（m）	高差（m）
79 号	JGU328S	40	579	1064.5	
80 号	ZGU430S	59	1116	1258.2	−0.1
81 号	ZGU430S	60	904	1360.4	193.5
82 号	ZGU430S	44	607	1278.3	102.2
83 号	ZGU328S	42	781	1260.8	−82.2
84 号	ZGU328S	43	834	1240.8	−17.5

2.2　故障塔位运行工况

80～81 号塔位于石人沟水库附近，现场地形为一般山地，档距 1116m，该档跨越深沟，故障点导线对地垂直距离 92.2m。80 号塔塔型为 ZGU430S，呼高 59m；81 号塔塔型为 ZGU430S，呼高 60m。

2.3　故障时段天气

11 月 17 日 9 时～18 日 11 时，故障区段出现中雪到大雪天气（降水量为 4.9mm，积雪厚度 50mm），并伴随间歇性大雾，最小能见度不足 5m，风力 2～3 级，主导风向为北风，相对湿度 95%。故障时段现场温度情况见表 5-2-2，气温变化情况如图 5-2-8 所示。

表 5-2-2　　故障时段现场温度情况

日期	项目								
11 月 17 日	温度（℃）	−2.8	−3.8	−3.9	−4.4	−5	−5.8	−6.2	−6.5
	时刻	01:00	04:00	07:00	10:00	13:00	16:00	19:00	22:00
11 月 18 日	温度（℃）	−6.8	−7.2	−7.5	−7.9	−6	−6.3	−7.8	−10
	时刻	01:00	04:00	07:00	10:00	13:00	16:00	19:00	22:00

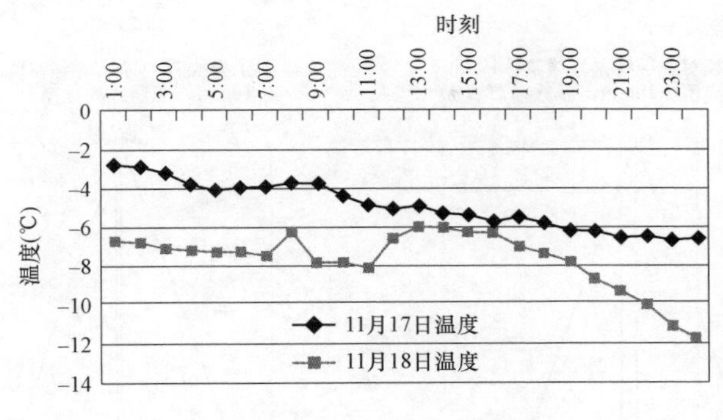

图 5－2－8　气温变化情况

3　原因分析

（1）经查阅比对往年气象数据来看，2016 年新疆气温及环境湿度均较同期相比偏高，环境温度偏高 4～6℃，湿度偏高 10%～20%，且降雪期间出现间歇性大雾天气，在该环境下输电线路极易形成雾凇覆凇，此为 2016 年凇害跳闸频繁的主要外因。

（2）从查阅设计资料来看，故障测距对应区段中大档距、大小档和大高差档段较多，存在导线、地线覆凇后向大档距侧滑移或偏移，进而减少导线、地线间距，可能造成相对地放电；导线、地线脱凇时容易引发导线、地线跳跃或舞动，可能造成相对地或相对相之间放电。

（3）以 750kV××Ⅱ线参数为例对导线、地线脱凇时距离进行计算如下：

1）1～92 号同塔双回区段最大设计覆凇厚度为 10mm，地线设计覆冰厚度增加 5mm，取 15mm，根据《110kV～750kV 架空输电线路设计规范》（GB 50545—2010），导线、地线之间的距离按下式计算：

$$S \geqslant 0.012L+1$$

式中：S 为导线与地线间的距离，m；L 为档距，m。

注：计算条件，气温 15℃，无风，无冰。

根据上式规定，750kV××Ⅱ线 79～85 号（包含故障区段的耐张段）在设计时，导线的安全系数取 2.5，地线安全系数取 3.5，OPGW 光缆安全系数取 3.7。

2）80～81 号塔导线与地线之间及导线与导线（相邻的两侧导线对地线或导线对导线）之间在脱凇跳跃情况下的接近距离进行计算，75%脱凇率条件下导线对地线及导线对导线接近距离如图 5－2－9 所示；50%脱凇率条件下导线对地线及导线对导线接近距离如图 5－2－10 所示。

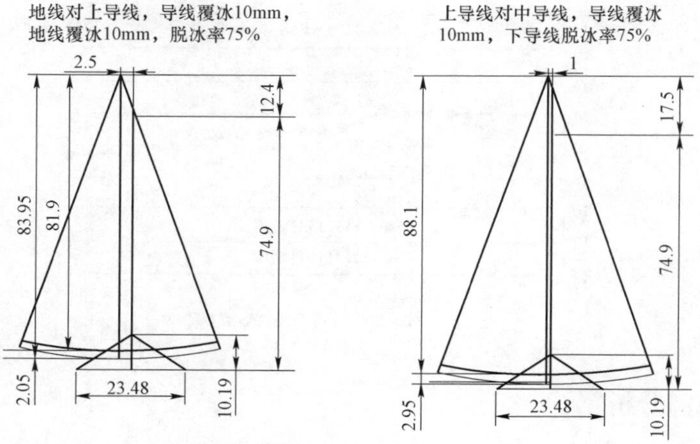

地线对上导线，导线覆冰10mm，
地线覆冰10mm，脱冰率75%

上导线对中导线，导线覆冰
10mm，下导线脱冰率75%

图 5-2-9　75%脱冰率条件下导线对地线及导线对导线接近距离

地线对上导线，导线覆冰10mm，
地线覆冰10mm，脱冰率50%

上导线对中导线，导线覆冰
10mm，下导线脱冰率50%

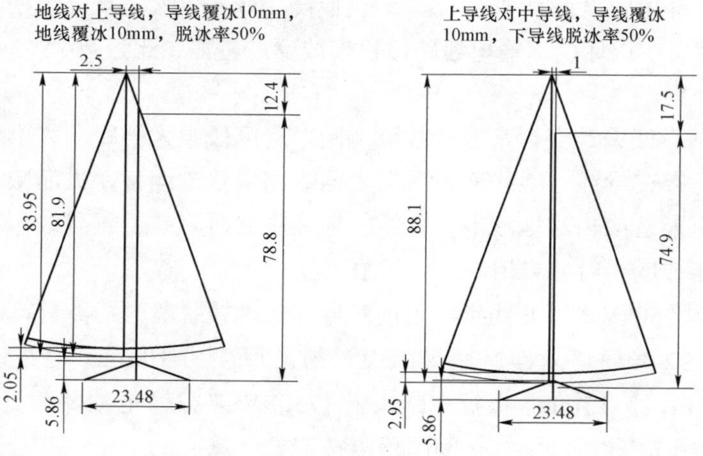

图 5-2-10　50%脱冰率条件下导线对地线及导线对导线接近距离

3）图 5-2-9 及图 5-2-10 中，红色三角代表不同脱凇率条件下，导线跳跃时的位置范围，绿线表示跳跃相导线上层导线或地线对跳跃相导线的安全范围，红色三角切入绿线范围表示安全距离不满足要求，根据以上计算结果，导、地线覆冰在 10mm 时，当脱凇相导线的脱凇率在 50%～75%时，可能发生相对地或相对相的放电。

综合考虑上述故障区段的设计工况、地理特征、气候特征、故障期间的现场微气象情况等，结合故障录波信息，排除线路发生其他故障的可能性，初步推断为导线脱凇引起跳跃或舞动导致相对相之间的放电故障。

4 防治措施

4.1 常用覆冰（凇）防治措施

4.1.1 地线支架校验及弧垂调整

因为该线路段相对相故障时造成了线路停运，不排除停运期间地线及上相导线脱冰（凇）引起跳跃或舞动导致相对地之间安全距离不足的情况，所以有必要采取增大地线与上相导线之间距离的措施。针对大档距、大小档和大高差档排查结果，对相应耐张段的地线及OPGW按照表5－2－3不同地线安全系数取值表中的安全系数进行地线弧垂调整，抽紧地线弧垂，地线支架强度满足要求，不需要进行改造。

表5－2－3　　不同地线安全系数取值表

项目	地线型号	安全系数	断线张力（N）
杆塔规划	JLB20A－150	3.3	48 701
改造方案	JLB20A－120	与光缆匹配	与光缆匹配
	JLB20A－100		
	OPGW－130	3	46 770

4.1.2 防止导线舞动、降低导线脱冰（凇）跳跃幅度

（1）目前采取的措施为尽量减小档距、加装失谐摆等防舞动装置。加装失谐摆等防舞动装置虽然会起到抑制导线舞动、降低脱冰（凇）跳跃幅度的效果，但是加装失谐摆等防舞动装置后，导线荷载变大，弧垂相应的也会变大，会造成导线安全系数小于 2.5 的情况，不满足规程要求。一般要加装防舞动装置，在设计时要加大导线安全系数，适当放松导线，使得安装防舞动装置后，导线的安全系数不小于2.5的要求。

（2）本工程整治措施如果加装失谐摆防舞动装置，需要重新对整个耐张段的导线重新架线，按照新的架线表调整导线弧垂，同时需要校核对地距离等，工程量大，费用高，因此不建议加装防舞动装置。

（3）线夹回转式间隔棒与普通间隔棒的区别是可转动的握持线夹，由于分裂导线被间隔棒固定并分割成若干个次档距，使得间隔棒附近的子导线无法实现转动，从而次档距导线扭转刚度增大，导线很难实现绕自身轴线的转动，偏心覆冰（凇）状况不能得到缓解因此容易发生舞动。线夹回转式间隔棒的可转

动握持线夹弥补了这一缺陷。可转动握持线夹在一定程度上取消对子导线的扭转约束，使得导线在不均匀覆冰（凇）后因偏心扭矩而产生绕其自身轴线的转动，消除或减轻不均匀覆冰（凇）的程度，从而减小覆冰（凇）导线的空气动力系数，达到防舞或抑制舞动的作用。

（4）考虑到线夹回转式间隔棒加装起来简单易行，且有一定的使用经验，本次改造推荐在部分区段使用线夹回转式间隔棒。

4.1.3 针对导线翻转的防治，可考虑如下措施

（1）目前有六分裂防翻转（偏重心）间隔棒，在受到外加轴向扭矩时，偏重心间隔棒的自重将对其产生阻力矩，可以起到一定的防翻转效果，但此种间隔棒实质与加装防舞动的失谐摆类似，使得间隔棒重心在下方，同样会导致弧垂加大，导线安全系数小于 2.5 的问题，不推荐采用。

（2）调整相导线弧垂的精确度，尽量减小同相子导线间的弧垂偏差，也可起到一定的防翻转作用。

（3）在导线翻转时，次档距小的间隔棒受到的阻力矩较大，适当减小档间间隔棒的次档距，对于防止导线翻转扭绞有利，建议采用加密导线间隔棒，减小次档距的方式来防治导线翻转。但间隔棒次档距减小到什么程度能确保不会发生导线扭转现象，目前尚没有明确的研究结论。因此，本次整治建议暂按增加 20%的间隔棒来考虑。

4.2 技术方案比选

（1）推荐的技术方案主要有：地线弧垂调整；导线间隔棒加密；换装线夹回转式间隔棒。

（2）根据技术方案可以得到推荐的技术方案均可以在一定程度上增强线路抗冰能力，消除电网安全风险。

4.3 治理措施

根据对比，推荐的三种方案均可增加线路抗冰能力，提高电网供电可靠性。

（1）结合相关运行经验从减少投资出发，仅仅对筛选出来的档距大于 900m 的线路采用导线间隔棒加密和换装线夹回转式间隔棒进行改造。

（2）对筛选出的全部潜在故障区段的地线弧垂进行调节。

750kV 新疆输电线路在进行杆塔规划、设计时，地线按照 JLB20A－150 型铝包钢绞线、安全系数 3.3 来进行设计。实际工程施工图设计时根据评审意见，同塔双回路地线按照 JLB20A－120 型、单回路地线按照 JLB20A－100 型、OPGW 截面为 130mm^2 来进行设计，实际工程施工图使用的地线及 OPGW 在电线张力、

荷载方面均小于杆塔规划、设计时的地线。原则上地线断线张力不超过设计杆塔时的地线断线张力，地线支架强度就满足设计要求，不需要进行改造。因此，按照地线断线张力不超过设计值以及地线安全系数大于导线安全系数的原则，地线抽紧安全系数建议按GB 50545—2010《110kV～750kV架空输电线路设计规范》取值，可满足地线支架强度要求，同时可适当抽紧地线，减少地线弧垂，达到加大导地线之间距离的目的。按照GB 50545—2010《110kV～750kV架空输电线路设计规范》建议的地线安全系数进行地线抽紧，可保证断线张力不超过杆塔规划时的断线张力，同时也满足规程要求的地线安全系数大于导线安全系数的要求。

（3）对山区段加装在线监测装置，加大覆冰（凇）观测特巡力度，及时掌握线路覆凇情况。

【5-3】覆冰导致绝缘子闪络

1 故障基本情况

1.1 故障信息

2017年4月10日10时25分，750kV××线B相（右边相）跳闸，重合不成功。故障测距，距A变电站127.5km；距B变电站51.759km。

1.2 故障区段情况

根据保护测距，初步分析故障区段为90～105号。经查线路设计文件，导线型号采用6×JL/G1A－400/95，子导线布置方式水平六分裂形式。地线型号为OPGW－36B1－154，设计覆冰厚度为15mm，风速30m/s。直线绝缘子型号为FXBW4－750/210，直线塔两边相采用I串，中相采用V串复合绝缘子，耐张塔绝缘子型号为XWP－240、XWP－210、XP－300。故障区段海拔高度为1870～3450m，主要地形为山地，常年主导风为东风，与线路走向平行。

2 故障现场调查

2.1 故障点情况

4月10～11日由于天气环境恶劣，导地线、铁塔覆冰严重，考虑人身安全未开展登塔故障点检查。4月11日14时天气转好温度回升，导地线、铁塔、绝缘子覆冰开始消融，至4月12日18时，导线覆冰已基本消融，地线、塔身覆冰消融 90%，绝缘子消融 40%。4 月 12～17 日对 90～105 号区段进行登塔检查，未发现明显放电烧伤痕迹。

2.2 故障区段运行工况

通过观冰测量，具体覆冰厚度为：铁塔 50～250mm、导线 120～200mm、地线 50～80mm、绝缘子 80～130mm。铁塔、导地线、绝缘子覆冰情况分别如图 5-3-1～图 5-3-3 所示。

(a) (b)

图 5-3-1 铁塔覆冰情况

（a）整体；（b）局部

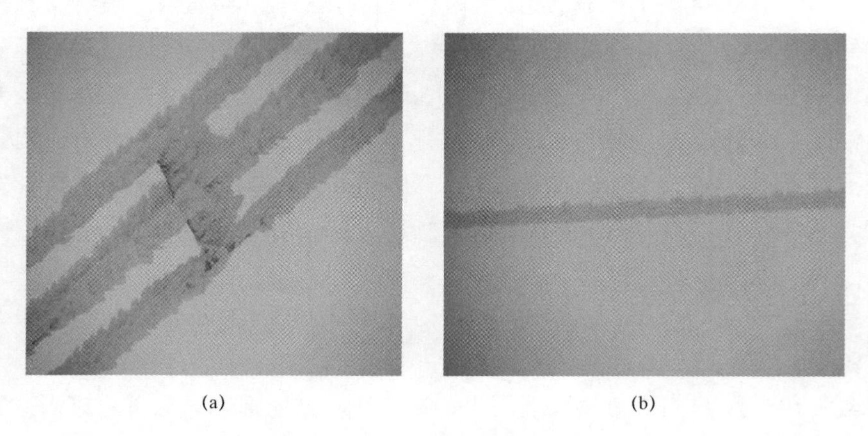

(a) (b)

图 5-3-2 导地线覆冰情况

（a）导线；（b）地线

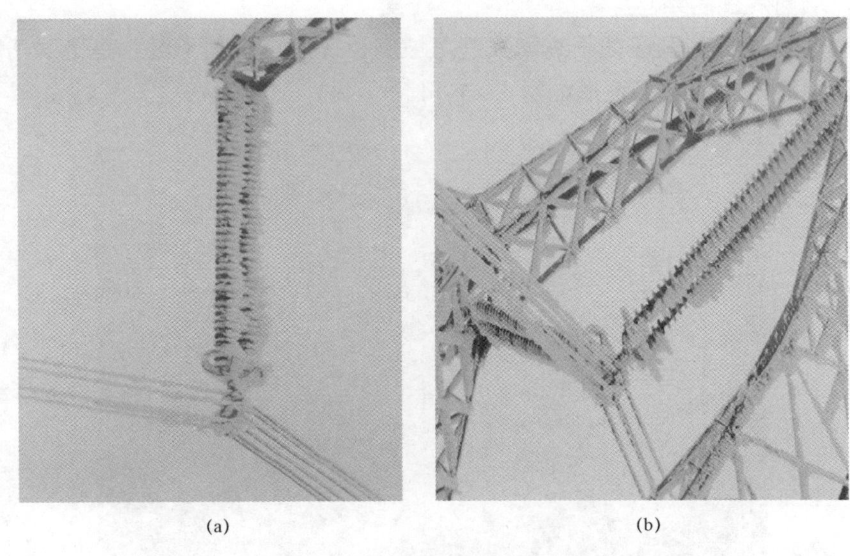

(a)　(b)

图 5-3-3　绝缘子覆冰情况

(a) I 串；(b) V 串

2.3　故障时段天气

4 月 10 日，拉脊山地区出现降雪、大风恶劣天气，持续时间为 2 天。气温在 -11～2℃，西风，相对湿度为 75%。现场观测铁塔、导、地线、绝缘子覆冰严重，均有不同程度的雪凇。

3　原因分析

(1) 根据现场覆凇形态观察，可见覆凇主要以硬冰块形式存在，现场观测发现导地线覆凇每天中午出现部分消融，晚间再次冻结，覆凇多次融冻结构为层状和板块状并存，且有透明不透明层交替，运维人员现场对密度进行了测量，导线覆凇密度为 0.54g/cm^3。

(2) 故障时导地线都有覆凇，因覆凇导线弧垂下降较地线弧垂多，导地线间距离增大，同时现场观测未发现导地线脱冰跳跃现象，可以排除导地线因脱冰跳跃引起的放电故障。

(3) 从气象条件来看，4 月 9 日开始，故障区段杆塔所在地区开始刮风、降温、降雪。雨水会沿绝缘子碗头、球头等缝隙流动，遇到冷风而结冰，当出现雨凇和大雾时，大气中悬浮的细小尘埃随凝结的水滴沉降于绝缘子表面，当绝缘子串形成冰桥时，引起绝缘子串和绝缘子表面电压分布的畸变，绝缘性能下降，从而发生闪络。

（4）此次故障区段处于高海拔迎风坡侧，属风口微气象区，是绝缘子冰闪的典型地形，故障区段地形如图 5－3－4 所示。

图 5－3－4　故障区段地形

综上所述，本次故障原因为绝缘子串覆冰桥接后，中午覆冰开始部分消融并沿绝缘子串表面形成一层水膜，引起绝缘子绝缘性能下降，从而发生闪络。

4　防治措施

（1）在后期结合大修技改项目，在电气间隙满足情况下，增加绝缘子片数，以提高绝缘子覆冰闪络电压。同时插花布置 6～7 片大伞裙，防止冰凌完全桥接绝缘子串。

（2）及时安排组织运维人员对所辖线路覆冰区段开展覆冰观测工作，制定覆冰区、大风区等特殊区段的排查计划，密切关注天气变化，根据天气情况，适当增加巡视频次。

延伸阅读 1

（1）覆冰机理：冷暖气流相遇时，暖湿气流抬升导致在高空形成过冷却水滴，其下降过程中在风的作用下与导线或杆塔发生碰撞，在导线表面以凝结成雨凇或雾凇的形式覆冰。

（2）覆冰条件：空气相对湿度在 85%以上，风速大于 1m/s，气温及导线表

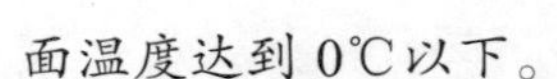

面温度达到0℃以下。

（3）覆冰种类：可分为雾凇、雨凇、混合凇和湿雪4种，形状特征及形成天气条件见表5-3-1，各种覆冰形式如图5-3-5～图5-3-8所示。前3种对线路安全运行危害很大。

表5-3-1 导线覆冰分类

导线覆冰分类		形状及特征	形成天气条件
雾凇	晶状雾凇	晶状雾凇似霜晶体状，呈刺状冰体；质疏松而软；结晶冰体内含空气泡较多，呈现白色	发生在隆冬季节，当暖而湿的空气沿地面层活动，有东南风时，空气中水汽饱和，多在雾天夜晚形成
	粒状雾凇	粒状雾凇似微米雪粒堆集冻结晶状体；形状无定，质地松软，易脱落；迎风面上及凸出部位雾凇较多，呈现乳白色	发生在入冬入春季节转换，冷暖空气交替时节，微寒有雾、有风天气条件下形成，有时可转化为轻度雨凇
雨凇		质坚不易脱落；色泽不透明或半透明体，在气温≈0℃时，凝结成透明玻璃状；气温小于-5～-3℃时呈微毛玻璃状的透明体，有光泽，闪闪发光似珠串	前期久旱，相对高温年份；常发生在立冬、立春、雨水节气前后；有一次较强的冷空气侵袭，出现连续性的毛毛细雨或小雨，降温至-3～-0.2℃，毛毛雨水滴过冷却触及导线等物，形成雨凇
混合凇		其混合冻结冰壳，雾雨凇交替在电线上积聚，体大、气隙较多，呈现乳白色	重度雾凇加轻微毛毛细雨（轻度雨凇）易形成雾雨凇混合冻结体，多在气温不稳定时出现
湿　雪		又称冻雪或雪凇，呈现乳白色或灰白色，一般质软而松散，易脱落	空中继续降温，降雨过冷却变为米雪，有时仍有一部分雨滴未冻结成雪花降至地面，在电线上形成雨雪交加的混合冻结体

（4）混合凇：由导线捕捉空气中过冷却水滴并冻结而发展起来的一种覆冰形式，是一种复合覆冰过程，首先雨凇然后雾凇，是一种交替的形式。因此，根据以上定义与现场情况对比，是符合形成混合凇的过程条件的。

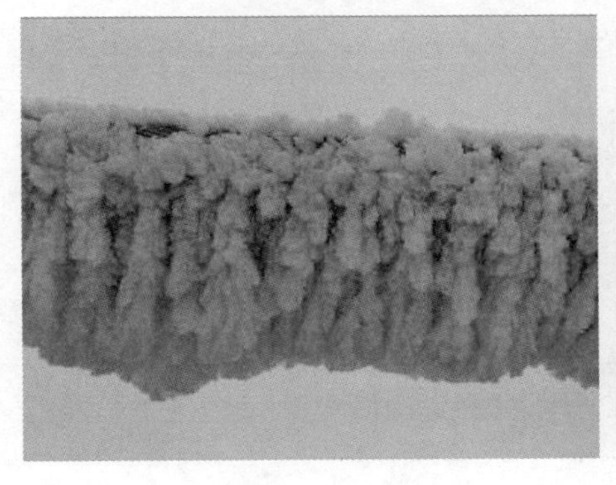

图5-3-5 雾凇

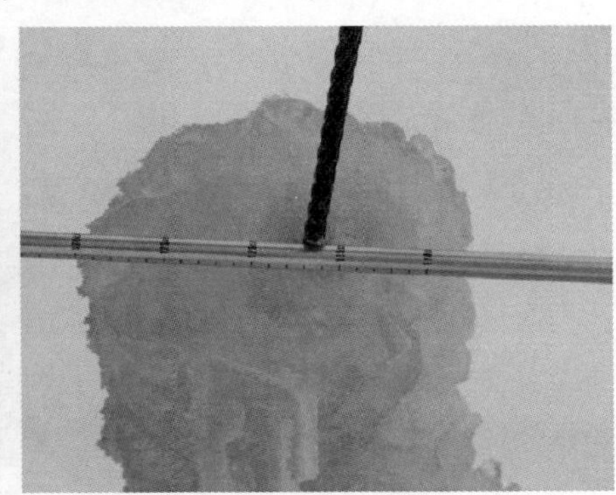

图5-3-6 雨凇

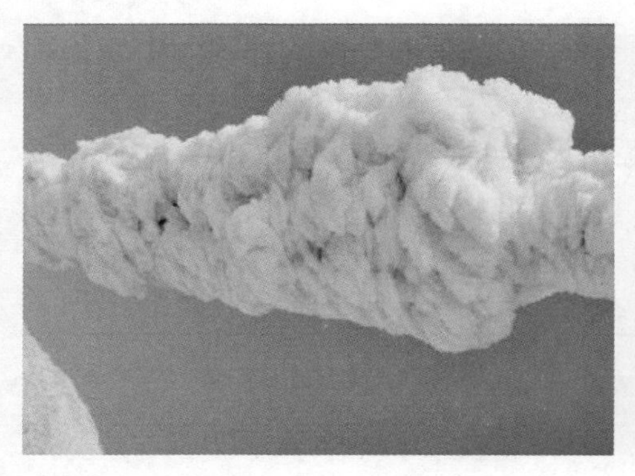

图 5-3-7　混合凇

图 5-3-8　湿雪

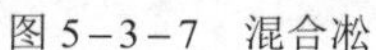

延伸阅读 2

架空输电线路覆冰观测

因为导线、地线、绝缘子、杆塔、金具覆冰后，会造成线路覆冰的过荷载事故、不均匀覆冰或不同期脱冰事故、绝缘子串冰闪事故、导线舞动等，所以架空输电线路覆冰观测时，需要对它们进行观测，而本文主要针对导线、地线覆冰观测进行讨论。由于观测的地理环境、覆冰成因等因素影响，覆冰观测的方法也有很大区别。在地势比较平缓、无风的观测点，导线、地线等观测到的覆冰比较均匀，如图 5-3-9 所示。一般对于均匀覆冰，可以通过比较覆冰前后导线的粗细情况，或者更直接地比较导线覆冰前后的直径大小而得出覆冰厚度，均匀覆冰截面如图 5-3-10 所示，在已知原来的导线直径为 d 的情况下，观测到覆冰后的导线直径为 d_1，则目测覆冰厚度 b 为

$$b=\frac{1}{2}(d_1-d) \qquad (5-3-1)$$

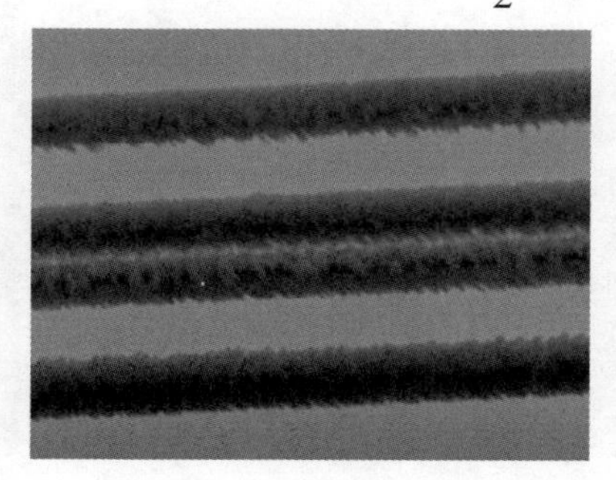

图 5-3-9　均匀覆冰

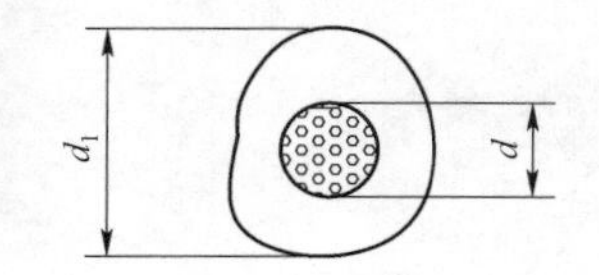

图 5-3-10　均匀覆冰截面

但是在山顶或风口，观测到的覆冰就很不规则，当风向与线路平行时，覆冰的断面呈椭圆形；当风向与线路垂直时，覆冰的断面呈扇形，覆冰集中在导线的一侧，翼形覆冰如图 5-3-11 所示，翼形覆冰截面如图 5-3-12 所示。此时一般是观测导线覆冰后的长径与短径，其覆冰计算要复杂一些。

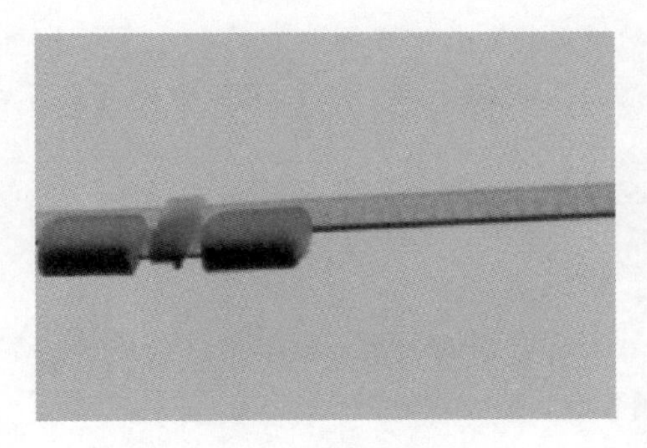

图 5-3-11　翼形覆冰

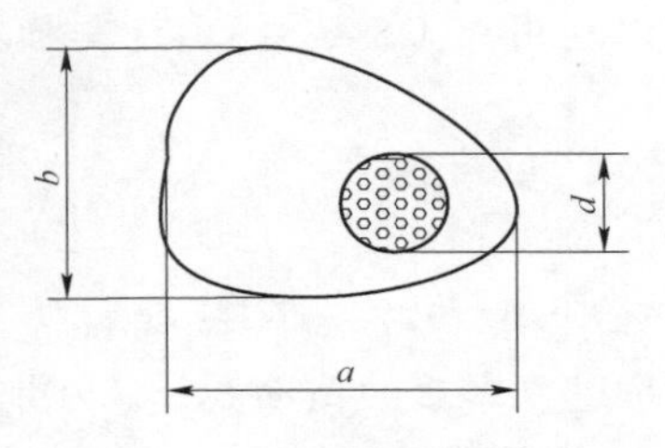

图 5-3-12　翼形覆冰截面

进入覆冰期后，经常是大雾天气，有时候能见度只有十几米，很难直接观测导地线的覆冰情况，而且架空输电线路覆冰后，一般不能上塔进行覆冰测量，也不能长时间在导地线、杆塔下方逗留，如果观测不到覆冰的具体数据，可以参照附近杆状物体上的覆冰进行估算，也可以根据导地线弧垂变化和绝缘子偏移情况来判断覆冰情况。覆冰观测最终是要得出导地线荷载情况，一般说来，导地线的弧垂变化和绝缘子偏移是导线荷载变化的一个明显表征，而且弧垂变化和绝缘子偏移比较好观察。当弧垂变化较大时，表明导地线荷载很大了，当绝缘子发生偏移时，表明该点的纵向张力不平衡，如果线路长时间在这种条件下运行，会导致导线、绝缘子、金具、杆塔受损，有可能发生断线或倒塔事件，这时就要采取应急措施。

标准覆冰厚度计算

覆冰厚度的计算，准确的方法是取覆冰导线 1m，分别称覆冰后的导线与覆冰总质量 m_3，导线无冰时的质量 m_1，根据实测冰的质量利用式（5-3-2）计算标准冰厚

$$B_0=\sqrt{\left(\frac{m_3-m_1}{0.9\pi}+r^2\right)}-r \tag{5-3-2}$$

式中：B_0 为标准冰厚（指密度为 0.9g/cm^3 冰厚）；m_3 为导线与覆冰总质量，g；m_1 为导线无冰时的质量，g；r 为导线半径，mm。

但是架空输电线路在带电运行的情况下，很难取到导线的覆冰来称其质量，这时一般是观测导线覆冰直径的方法估算标准冰厚，工作实际中大多数导线覆冰可以利用式（5－3－3）计算标准冰厚的值

$$B_0=\frac{1}{2}\left[\sqrt{d^2+\frac{\rho}{0.9}\left(\frac{4A}{\pi}-d^2\right)}-d\right] \tag{5-3-3}$$

式中：B_0 为标准冰厚（指密度为 0.9g/cm^3 冰厚）；ρ 为观测覆冰的密度，g/cm^3；A 为导线覆冰后的截面积；d 为导线直径。

将导线覆冰近似为椭圆时可得公式（5－3－4），在实际工作中主要观测导线覆冰后的长径与短径以式（5－3－4）进行近似标准覆冰厚度计算，当长径 a 与短径 b 相等时，即是均匀覆冰。

$$B_0=\frac{1}{2}\left[\sqrt{d^2+\frac{\rho}{0.9}(ab-d^2)}-d\right] \tag{5-3-4}$$

式中：B_0 为标准冰厚（指密度为 0.9g/cm^3 冰厚）；ρ 为观测覆冰的密度，g/cm^3；a 为导线覆冰后的长径；b 为导线覆冰后的短径；d 为导线直径。

ρ 的取值根据覆冰类型选择，覆冰类型和性质见表 5－3－2。

表 5－3－2　　覆冰类型和性质

类型	性质	形成条件及过程	参考图片
雨凇	纯粹、透明的冰，坚硬，可形成冰柱，密度为 0.9g/cm^3 或更高，黏附力很强	在低地由过冷却雨或毛毛细雨降落在低于冻结温度的物体上形成，气温−2～0℃；在山地由云中来的冰晶或含有大水滴的地面雾在高风速下形成，气温−4～0℃	
混合凇	不透明或半透明冰，常由透明和不透明冰层交错形成，坚硬；密度为 0.6～0.9g/cm^3，黏附力强	在低地由云中来的冰晶或有雨滴的地面雾形成，气温−5～0℃；在山地，在相当高的风速下，由云中的冰晶或带有中等大小水滴的地面雾形成，气温−10～−3℃	

续表

类型	性质	形成条件及过程	参考图片
软雾凇	白色，呈粒状雪，质轻，为相对坚固的结晶，密度为0.3～0.6g/cm³，黏附力弱	在中等风速下形成，在山地由云中来的冰晶或含水滴的雾形成，气温-13～-8℃	
白霜	白色，雪状，不规则针状结晶，很脆而且轻，密度为0.05～0.3g/cm³，黏附力弱	水汽从空气中直接凝结而成，发生在寒冷而平静的天气，气温低于-10℃	

当难以准确判断ρ的取值时，可在覆冰现场取一块类似的冰，通过称质量与测体积来计算冰的密度，将得出的密度ρ直接代入式中计算。通过计算出标准冰厚后，与设计的覆冰冰区值比较。当比值＜0.4，认为线路运行安全，当比值在0.4～0.7时，认为线路运行处于黄色预警状态，需要实时监控，当比值≥0.7时，认为线路运行处于红色预警状态，需要及时采取应急措施，以免造成断线、倒塔事故。

【5-4】常用覆冰防治措施

1 融冰除冰

线路优先选择直流融冰。当覆冰厚度超过设计覆冰厚度，考虑覆冰的增长，应避免使用直流融冰，防止铁塔因不平衡张力而破坏，尽可能采用交流融冰。融冰启动的覆冰厚度规定值见表5-4-1。

表5-4-1 融冰启动的覆冰厚度规定值

设计覆冰厚度（mm）	融冰厚度（mm）	
	交流融冰	直流融冰
15	12	10
20	16	15
25	20	18

注 1. 对于其他设计覆冰厚度，融冰厚度可按设计覆冰厚度的70%取值。
2. 当输电线路覆冰厚度达到或超过设计覆冰厚度的90%时，宜采用交流融冰。如采用直流融冰，应防止融冰产生的不平衡张力造成输电线路倒塔、断线。

工作原理：目前技术上较成熟的高压输电线路自动除冰技术是采用增加导线中的电流，使之超过工作电流，引起导线发热，从而使附着在导线上的冰、雪、雾凇等融化脱落，达到去除它们的目的。

2 人工除冰

运维单位根据现场覆冰情况，在确保安全的情况下，采用机械、震动、敲击等方式开展人工除冰。

3 机械除冰

主要方法有滑轮铲刮法、电磁力除冰法和机器人除冰法。机械除冰发在配电线路上无法采用直流融冰的线路上使用较多。

4 自然除冰法

自然除冰法是指不需外界能量而靠自然力实现除冰的方法。如在输电线路上安装阻雪环、平衡锤等装置，在积雪或覆冰达到一定程度时，借助风力、重力等作用自行脱落，这种除冰方法简单易行，但具有较强的偶然性，不能实现可靠除冰；在导线表面刷涂憎水性材料或吸热涂层的除冰方法，具有一定的研究价值，但由于其自身存在的缺点导致应用前景受到很大限制。

5 采取抗冰措施

对于确定为重覆冰地段的输电线路，可根据其具体情况采取以下预防性抗冰措施。

（1）对于档距较大的重覆冰地段，采取增加杆塔、缩小档距的措施，以增加导地线的过载能力，减轻杆塔荷载，减少不均匀脱冰时导线、地线相碰撞的几率。对重覆冰区新建线路应尽量避免大档距，使重覆冰区线路档距较为均匀。

（2）加强杆塔、缩减耐张段长度。将事故频繁、荷重较大、两侧档距相差加大及垂直档距系数小于 0.6 的直线杆塔采取加固措施后改为耐张塔；对于横跨峡谷、风口处则改为孤立杆，并相应加强杆塔。

（3）改善杆塔结构、扩大导线与地线的水平位移；对于大跨越可增加杆塔后改为直线等措施。

（4）为减少导地线闪络事故，可取消避雷线采取其他防雷措施。也可采用将避雷线绝缘，覆冰季节后恢复原有接地方式。这种方法可有效减少脱冰跳跃时导线、地线相碰撞等短路事故。

（5）对于悬垂角与垂直档距较大的直线打塔采用双线夹，以增加线夹出口处导线的受弯强度。受微地形影响而产生由下往上吹的风使导线容易产生跳跃的局部地段，应采用双联双线夹，使绝缘子串强度增加，避免绝缘子球头弯曲或折断。

（6）为减少或防止覆冰后钢芯铝绞线断线或断股，重覆冰区输电线路导线可采用高强度钢芯铝合金线或其他加强强度的抗冰导线。

（7）为减轻或防止重覆冰区线路由于不平衡张力作用和脱冰跳跃振动而损害导线，可采用预绞丝护线条保护导线。

（8）重覆冰区线路不宜采用玻璃绝缘子串，以减少或防止因玻璃绝缘子覆冰后长时间的局部电弧使其烧伤或引起炸裂等。

（9）对于多分裂导线，应减少分裂导线数，以降低线路总的覆冰荷载。

第6章 其他原因

【6-1】设计失误导致空气间隙闪络故障

1 故障基本情况

1.1 故障信息

2016年10月29日9时27分，750kV××线B相故障跳闸，重合成功。故障塔号为31号，故障基本情况见表6-1-1。

表6-1-1 故障基本情况

电压等级	线路名称	跳闸发生时间	故障相别	重合闸情况	强送电情况		故障时负荷（MW）	备注
					强送时间	强送是否成功		
750kV	××线	2016年10月29日9时27分	B相	重合成功	—	—	210	—

1.2 故障区段情况

750kV××线全长77.804km，铁塔163基。根据故障测距信息，故障区段为30～32号，线路呈南北走向，海拔高度在1168～1334m，故障点属于黄河阶地地貌，典型中温带大陆性气候。故障杆塔为31号杆塔，位于农田地段，地形平坦，30～31号杆塔交跨乡村公路，距32号杆塔200m处有排水沟。故障区段常年主导风向为西北风和东北风，风速为2.9m/s，常年平均气温9.5℃，年平均降水量为202.1mm。31号杆塔情况如图6-1-1所示。故障区段线路的基本情况详见表6-1-2。

表6-1-2 故障区段基本情况

起始杆塔号	终点杆塔号	投运时间	全长（km）	故障区段长度（km）	故障杆塔号	杆塔类型
25	32	2016年4月11日	77.804	3.903	31	ZB3
呼高（m）	导线型号	地线型号	绝缘子型号	绝缘子长度	串型	并联串数
54	6×JL3/G1A-400/50-54/7	GJ-100	FXBW-750/210	7350mm	双联悬垂	2

图 6-1-1　31 号杆塔示意图

2　故障现场调查

2.1　故障点情况

通过故障巡视，在 31 号杆塔发现故障点，其他区段登塔检查后未发现永久性缺陷及其他故障痕迹。

根据现场观察，31 号杆塔 B 相面向大号侧 1 号子导线的线夹正上方的横担塔材处、六分裂联板螺栓处、悬垂线夹上方均压环处均有放电痕迹，经观察辨认，确认此处引起放电。故障相导线挂点上方横担塔材放电痕迹如图 6-1-2 所示，故障相导线六分裂联板螺栓处放电痕迹如图 6-1-3 所示，故障相均压环处放电痕迹如图 6-1-4 所示。

2.2　故障塔位运行工况

故障发生时，故障区域普降雨夹雪，故障区域农田潮湿，区域内相对湿度大，周边农田主告知，故障时段局部有团雾，其周边近期有迁徙的类似鹤、鹳的鸟类经过，同时登塔人员发现，故障杆塔横担处有鸟粪痕迹，如图 6-1-5 所示。

图 6-1-2　故障相导线挂点上方横担塔材放电痕迹

图 6-1-3　故障相导线六分裂联板螺栓处放电痕迹

图 6-1-4　故障相均压环处放电痕迹

图 6-1-5　故障相铁塔横担处鸟粪痕迹

2.3　故障时段天气

故障时，该故障区段天气情况为：晴，气温在 0～12℃，微风，风力小于 2 级，相对湿度 89%，故障时段天气情况如图 6-1-6 所示。

图 6-1-6　故障时段天气情况

3　原因分析

3.1　分析过程

31 号杆塔地处农田地段，3km 范围内有村庄、农田和水源，未发现明显污染源。通过与当地气象局沟通，故障当天晴天，气温在 0～12℃之间，微风，风力小于 2 级。随即运行人员通过雷电定位系统核查，故障跳闸时段，以 31 号杆塔为中心、半径 10km 的范围内未有落雷点，雷电定位系统检测落雷情况如图 6-1-7 所示。综合考虑故障区段的天气、地理特征、落雷情况、放电痕迹及现场鸟粪等因素的影响，排除了线路污闪、雷击、风偏、覆冰、外力破坏可能性。

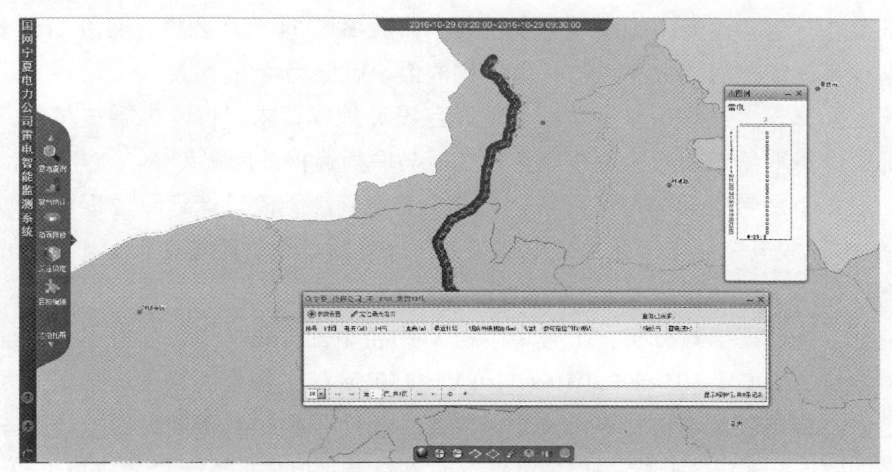

图 6-1-7 雷电定位系统检测落雷情况

2016 年 10 月 31 日，检修公司组织人员对 31 号（ZB3）故障杆塔的中相带电部分与杆塔构件距离进行现场实测。经测量，故障点均压环距离杆塔窗顶部斜材放电点距离为 4.66m，中相绝缘子导线侧直角挂板与联板连接处距离塔窗顶部垂直距离为 5.47m，中相绝缘子均压环距离塔窗顶部垂直距离为 5.21m，现场实测放电点与杆塔构架的距离示意图如图 6-1-8 所示。

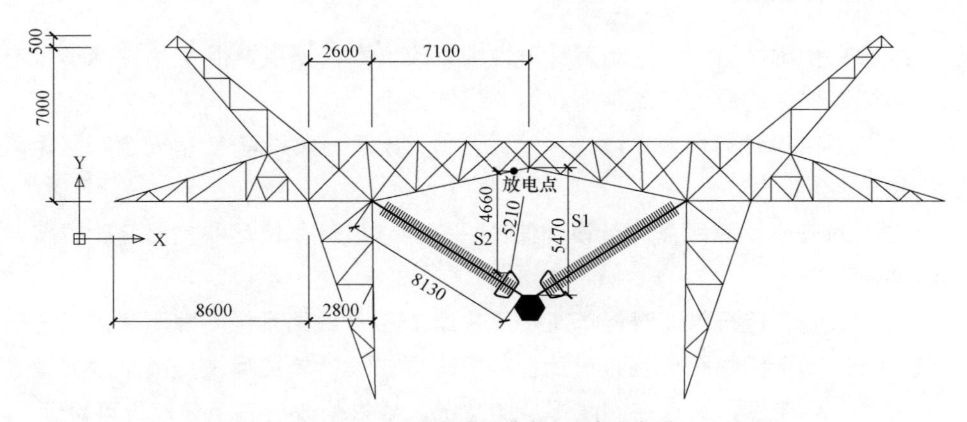

图 6-1-8 现场实测放电点距离示意图

注：距离单位为 mm。

3.2 分析结论

依据 GB 50545—2010《110kV～750kV 架空输电线路设计规范》表 7.0.9－2 750kV 带电部分与杆塔结构的最小间隙规定："海拔 1000m 及以下中相 V 串带电部分与杆塔构件最小间隙 V 串为 4.8m"，故障塔 31 号（ZB3）海拔 1168m，经海拔系数校核后，故障点与杆塔结构的最小间隙为 4.9m。

经核算，上述理论核算数据值均满足设计规程要求。但考虑到核算时，带电部位计算取值点处均为导线侧直角挂板与联板连接处距离即 s_1（5.47m），但此处取点不是带电部位与塔窗塔材处最小安全间隙距离。运行单位现场实测故障塔 31 号放电处为均压环（带电部位）与塔窗顶部塔材距离，即 s_2（4.66m），实测数据小于设计规范 4.9m 要求值。

经上述数据核对分析，31 号塔中相 V 串带电部分与杆塔构件最小间隙现场实测数值小于 GB 50545—2010《110kV～750kV 架空输电线路设计规范》要求规范值，带电部位与塔材最小安全间隙距离裕度不足，且不满足带电作业安全组合间隙 5.4m（13.3.4 表 9）及带电作业时人身与带电体的安全距离 5.6m（13.2.1 表 5）Q/GDW 1799.2—2013《国家电网公司电力安全工作规程（线路部分）》的要求，中相 V 串绝缘子挂点及导线连接组装结构不满足运行条件。同时，迁徙的大型鸟类在塔上排便，加之故障段地处黄河周边，前日降雪空气湿度较大，造成空气间隙不足，导致 B 相 V 串均压环与塔窗顶部塔材形成导电通道，发生放电跳闸。

4 防治措施

故障初步定性后，立即制定针对性地整改方案，提高中相 V 串绝缘子带电部位与杆塔构件的最小间隙距离。具体措施如下：

（1）要求设计单位对 750kV××线全线 ZB 系列典设塔 V 串安全间隙距离进行校核。

（2）对安全间隙距离临近设计值的杆塔要求设计单位尽快提出整改方案，组织停电改造。

（3）设计、运行单位对近年新投及在建 750kV 线路安全间隙距离进行全面校核，针对安全间隙距离临近设计值的杆塔要求设计单位尽快提出整改方案进行改造；如果在建线路存在间隙不足的情况，要求整改后满足要求方可投运。

（4）组织电科院、设计院、运行单位对 750kV 鸟害跳闸原因进行深入分析，并提出治理措施。

【6-2】树竹导致单相接地故障

1 故障基本情况

1.1 故障信息

2015年6月9日22时50分，750kV××Ⅰ线C相故障跳闸，重合失败，6月10日0时55分试送成功。故障测距：距A站27.05km，距B站104.19km。

1.2 故障区段情况

750kV××Ⅰ线全长132.117km，导线型号为：单回段JLHA3-450，双回段JL1/LHA1-365/165；地线型号为：单回段JLB20A-120和OPGW-15-120-1，双回段JLB20A-150和OPGW-17-150-1。故障区段221～222号位于秦岭北麓平原地区。

2 故障现场调查

2.1 故障点情况

根据保护动作情况，初步判断故障区段为223～226号。另外考虑到验收遗留缺陷情况，逐一进行了排查，并重点排查221～222号段遗留树木。6月10日0时3分，巡视发现221号大号侧249m处左导线有放电点，左导线外侧7m处杨树有明显放电痕迹。故障点导线高度24m，最近处杨树高22m，线路通道7m范围内杨树临时拦头处理，树桩高7.5m。6月10日8时，再次到现场进行确认，确定该处就是故障点。C相导线上有微小的放电痕迹，不影响运行。221号杆塔小号侧整体如图6-2-1所示，C相导线放电点如图6-2-2所示，树干放电痕迹如图6-2-3所示，放电通道如图6-2-4所示。

图6-2-1 Ⅰ线221号杆塔小号侧整体

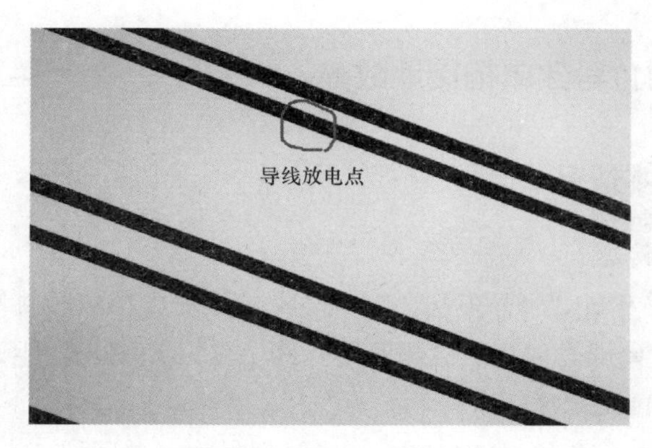

图 6-2-2　C 相导线放电点

图 6-2-3　树干放电痕迹

2.2　故障时段天气

2015 年 6 月 9 日，故障区段天气情况为大风天气（大雨），风力 6～7 级。

3　原因分析

根据现场当日天气，排除雷害。根据通道状况，排除异物和机械施工。结路通道内遗留的缺陷未处理完，又考虑到故障区段的地理特征、气候特征、故障期间的气象情况等，结合现场放电痕迹及故障时段大风天气，确定此次故障为大风引起通道内树竹对 221 号大号侧 249m 处左导线放电，造成 C 相接地故障。

4　故障暴露的问题

（1）事故预想及预防工作不到位。对影响线路投运的树木复验不细，未考虑到线路投运后遗留树木处理的时限性及恶劣天气下是否影响线路运行，对线路可能发生的跳闸事故预想及掌控不足，造成运维工作出现盲点。

（2）运维人员对线路运行规程、验收规范掌握不够。对不满足运规要求的树木未核查发现，引起线路跳闸。

图 6-2-4 放电通道示意图

5 防治措施

对导线通道内的遗留树木进行排查，特别是对边线路通道范围内与导线垂直距离不足 8.5m 的树木以及临近通道的超高树木进行甄别，并对排查出的树木进行砍伐。

【6-3】地质塌陷导致设备损坏故障

1 故障基本情况

1.1 故障信息

2016 年 9 月 30 日 20 时 46 分，750kV××Ⅰ线 B 相故障跳闸，重合闸失败，同日 22 时 13 分试送失败。故障测距：距 A 站 80.29km，距 B 站 8.8km。750kV××Ⅰ线与 750kV××Ⅱ线同塔双回架设。

1.2 故障区段情况

750kV××Ⅰ线全长 89.251km，杆塔共 185 基，2009 年 8 月 12 日投运。设计最大风速为 30m/s。导线型号为 6×LGJ-500/45，左侧地线型号为

JLB20A－150，右侧复合光缆型号为 OPGW－24B1－145，左侧地线绝缘子型号为 XP5－70，直线塔采用单 I 串复合绝缘子，型号：FXBW－750/210。该区段海拔 1100～1300m，故障区段地形为黄土台塬，属煤炭采空区。

2 故障现场调查

2.1 故障点情况

结合测距，推算故障区段为 15～17 号，该段Ⅰ/Ⅱ线同塔架设，地处较偏远山区，线路位于煤炭采空区内。经初步分析，可能为煤矿采空区塌陷引起跳闸。10 月 1 日凌晨 2 时，查线人员发现 19 号、20 号光缆金具脱开，光缆掉落。经确认 19 号、20 号塔光缆掉落就是引起跳闸的原因。Ⅰ线 19 号杆塔塔头如图 6－3－1 所示，19 号光缆断线及金具损坏情况如图 6－3－2 所示，19 号光缆金具损坏后情况如图 6－3－3 所示，20 号塔全景如图 6－3－4 所示，20 号光缆悬垂线夹断裂情况如图 6－3－5 所示，20 号塔左后侧地面裂缝情况如图 6－3－6 所示。

图 6－3－1 19 号塔头

图 6－3－2 19 号光缆断线及金具损坏情况

图6-3-3 19号光缆掉落导致中相均压环偏斜

图6-3-4 20号塔全景图（圈内为掉落地线）

图6-3-5 20号光缆悬垂线夹断裂情况

图 6-3-6　20 号塔左后侧地面裂缝情况

2.2　故障塔位运行工况

该线路 1～35 号经过大佛寺煤矿、亭南煤矿、彬长煤田详查区、小庄井田等，均属未来开采区。根据煤田地质局勘察研究院《采空区稳定性评价报告》，4 号煤层为矿区内稳定煤层，矿区内全面发育，是该矿区的主采煤层。

由于线路 1～28 号沿线塔位下煤层开采，并存在多次复采的问题，杆塔倾斜及地表的开裂、沉陷，将是一个长期和反复的复杂过程。沿线附近房屋、地面均不同程度出现裂缝，有逐渐恶化趋势。

2015 年 7 月，运维人员在线路正常巡视时，发现 20 号直线塔及绝缘子串偏斜，杆塔倾斜度 5.24‰（运行规程要求小于 5‰），属一般缺陷。2015 年 8 月 22 日发现 20 号塔及悬垂串偏斜值加大，杆塔倾度+16.4‰，悬垂串偏斜 20°，属危急缺陷。2015 年 8 月 26 日采用全站仪对 16～21 号耐张段内杆塔进行测量，均有不同程度的倾斜，以 20 号塔最为严重，塔顶向大号侧倾斜度 17.2‰。

3　原因分析

3.1　线路故障原因分析

根据现场调查情况可以确定线路故障的原因为：19 号、20 号塔所处煤矿采空区突发不均匀沉降，杆塔偏斜引起光缆悬垂线夹受力过大，线夹破裂后光缆掉落在 B 相导线上引起线路故障跳闸。

3.2　铁塔变形原因分析

经现场勘测，虽然 9 号、18 号、19 号、20 号、21 号杆塔基础均发生了一定的沉降，但是由于杆塔的四个基础均处于一个整体的大板之上，大板的整体性和完整性使得上部基础在变形或沉陷时，是作为一个整体来承受，铁塔整体变形均匀，塔身受力相对较好。

现场的沉陷变形测量数据如下：

（1）9号杆塔顶部向右后侧倾斜8.28‰，杆塔的倾斜已构成一般缺陷（5‰～10‰），但考虑到该塔周边地基相对完整，地表变化不大，该塔的变形是因为大板基础向右前侧有不同程度沉陷所致。

（2）18号杆塔基础向左后侧倾斜0.467‰，杆塔的倾斜在正常控制范围之内，同时考虑到该塔周边地基相对完整，地表变化不大，该塔的变形主要来自20号塔体倾斜后，带来的前侧线路张力变化影响，因此对于该塔的扶正需待20号杆塔纠偏完成后。暂时先对18号杆塔导线绝缘子串进行放松调直，使得该塔变形减小至允许范围内。

（3）目前19号杆塔基础向左侧倾斜2.29‰，向前侧（大号侧）倾斜11.2‰，杆塔顶部向左偏后方位移0.874m，杆塔绝缘子串明显拉偏达26°之多，因此该塔现在的受力已经达到或超出了最初的设计状态，无论是从杆塔的结构受力，还是导线的绝缘子串承受荷载已经超过了它们应该承受的设计限值，属于临界破坏状态，因此急需对该塔进行局部扶正，以确保线路的安全运行。

（4）20号塔基础向左侧倾斜2.13‰，向前侧（大号侧）倾斜1.45‰，杆塔顶部向左偏后方位移0.197m，绝缘子串向小号侧略微倾斜，但仍在杆塔的正常挠度控制范围，因此暂时没有必要对该塔加以纠偏扶正。同时鉴于该塔周边地基相对完整，地表变化不大，因此该塔的变形主要来自19号塔体倾斜后，带来的后侧线路张力变化影响，因此对于该塔的扶正需待19号杆塔纠偏完成后。暂时先对20号杆塔导线绝缘子串进行放松调直，使得调直后该塔变形减小至允许范围内。

（5）21号塔基础向内角侧（左侧）倾斜1.45‰，向后侧（小号侧）倾斜0.96‰。虽然该转角塔已经向内角侧发生轻度倾斜，但是目前该塔没有超出三型转角塔7‰～8‰的允许倾斜范围，因此暂时只需对该塔的后续倾斜和变形加以观测，连续记录铁塔和基础地基的变形情况。

4 防治措施

4.1 临时处理措施

从以上分析可以得知，本次地下采煤引起地面杆塔位扰动影响由大到小依次为：19号、20号、21号、18号、9号。而20号、21号、18号是由于19号的沉陷变形引起的。因此先将19号铁塔基础适当加固，并通过在塔脚板底下垫钢板的方式调节基础顶面高差，减小铁塔倾斜程度。

具体处理措施：

（1）调整 19 号塔基础顶面高度，扶正倾斜杆塔。通过在塔座板下加塞钢板或凿低基础立柱顶面的方式，进行塔腿调平。由于原设计地脚螺栓外露预留 200mm，如现场地脚螺栓保护帽凿开后，螺帽以上外露长度满足 200mm，则本次调整完全可以通过抬高塔座板的方式加以实现。若加塞钢板后铁塔仍未扶正，则将较高的塔腿表层混凝土适当凿低，以达到降低塔脚板的目的。

（2）调整 19 号、20 号、18 号、9 号杆塔导、地线悬垂线夹位置，使悬垂绝缘子串尽可能保持垂直状态，减小对于杆塔的不利影响。

（3）待杆塔扶正施工完毕后，现场测量杆塔塔顶倾斜和基础顶面的高差情况，打基础保护帽，对地面裂缝进行就地夯实处理，做好场地排水，避免对塔位的积水或冲刷。

（4）由于该区段目前还处于初次采煤扰动沉陷塌落的初期，因此对于该区段杆塔应及时做好后期的连续跟踪观测，详细记录杆塔倾斜和基础沉陷的每一组数据，为后续的线路整改、抢修做好充分准备。

4.2 后续运维措施

由于本次险情的发生只是沿线塔位下煤层开采的一个反映，首先是区段内煤层开采有个先后顺序，其次该区段煤层又相对较厚（8～11m），存在多次复采的问题，在相当长的时间内，该区段内还会随着地下煤层开采出现杆塔倾斜及地表的开裂、沉陷，这将是一个长期和反复的过程。

（1）持续做好塔位周边地面变形的跟踪和观测，及时对地面开裂裂缝进行就地夯实处理，做好场地排水，避免对塔位的积水或冲刷。

（2）结合本次杆塔现场实测数据，对于其余杆塔目前不处理，仅做进一步观察和跟踪。后期一旦发生超限或异常情况，请及时与设计单位联系，以便妥善处理。

（3）组织电科院、设计院和运行单位对 750kV 鸟害跳闸原因进行深入分析。

第二部分

异常典型案例分析

第7章　设 计 原 因

【7-1】金具磨损

1　异常基本情况

1.1　异常信息

2011 年 6 月在 750kV××线巡视过程中，发现线路 174 号塔上的 U 形螺栓出现损伤。

174 号塔为同塔双回线路换位塔，在其下相与上相换位的垂直跳线上，绝缘子串下端重锤拉杆，通过 U 形螺栓与塔身固定，在长期运行中，拉杆与 U 形螺栓相互磨碰，造成该 U 形螺栓损伤 1/2，属于严重缺陷，缺陷出现位置如图 7-1-1 所示，金具磨损情况如图 7-1-2 所示。

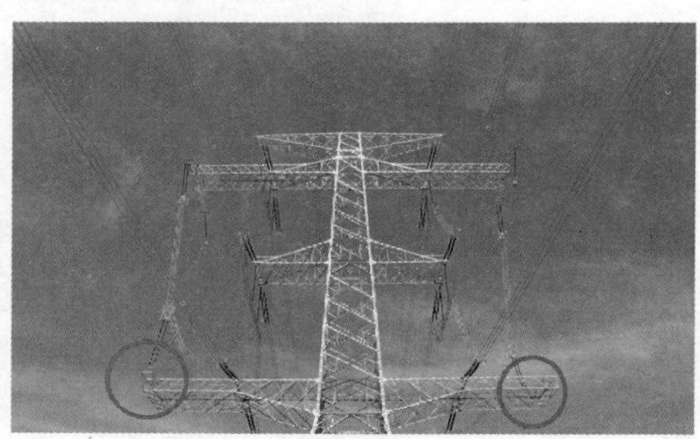

图 7-1-1　缺陷发生位置

图 7-1-2　金具磨损情况

1.2　异常段设计情况

该线路全线采用同塔双回路架设，174 号塔为 4 基换位塔之一。线路设计气象条件为：覆冰 10mm、风速 30m/s，线路于 2010 年投入运行。

1.3　运行工况

174 号塔位于戈壁滩，周边无高山和其他高大建筑物，线路途经区域每年 8 级以上大风天气超过 80 日，最长日大风持续时间约 390min，且风向多变。

2　原因分析

174 号塔在长期运行过程中，下相与上相换位的垂直跳线，长期受到风力影响，致使绝缘子下端拉杆在固定的 U 型螺栓内高频率上下蹿动，造成 U 型螺栓磨损，导致严重缺陷的发生。

3　处理措施

经相关单位和专家研究，提出的处理方案为：改变该处连接方式，变更为采用调节联板+U 型环+三角形小联板的连接方式。金具改造前结构如图 7－1－3 所示，改造后结构如图 7－1－4 所示。

对全线所有相同设计的 4 基换位塔，全部进行改造，彻底解决拉杆与 U 形螺栓磨损问题。

图 7－1－3　改造前金具串结构

图 7-1-4 改造后金具串结构

【7-2】铁塔基础腐蚀

1 异常基本情况

1.1 异常信息

2017 年 3 月，在 750kV××线巡视过程中，发现线路 217～238 号铁塔基础外露部分，与防沉土接触处开始向上蔓延，出现防腐涂层脱落，混凝土表面酥松脱落现象。运维单位立即组织开挖检查，发现基础与土壤接触部分以下，防腐涂层完好，混凝土表面坚固，无酥松脱落现象。缺陷情况如图 7-2-1 所示。

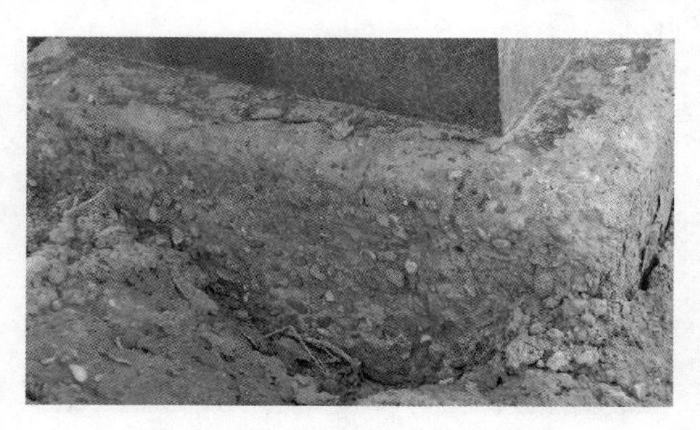

图 7-2-1 基础混凝土表面酥松脱落

1.2 异常段设计情况

该线路于 2013 年投入运行，设计气象条件为：覆冰 5mm、风速 31m/s。全线采用部分单回、部分同塔双回路架设。其中：一线全长 163.319km，共有铁塔357基，其中耐张塔53基、直线塔304基；二线全长164.053km，共有铁塔358基，其中耐张塔55基、直线塔303基。微、弱腐蚀地段基础混凝土强度等级为C30、中腐蚀地段基础混凝土强度等级为C35、强腐蚀地段基础混凝土强度等级为C40。灌注桩基础混凝土保护层厚度为70mm，开挖基础混凝土保护层厚度为50mm，本线路基础形式有：柔性斜柱基础、浅埋板式基础和灌注桩基础。

1.3　运行工况

217～238号位于戈壁滩盐碱地，为强腐蚀地段，基础混凝土强度等级为C40，采用灌注桩基础，混凝土保护层厚度为70mm。该区段途经区域每年8级以上大风天气超过80日，最长日大风持续时间约390min。

2　原因分析

该段线路处于强腐蚀地段，设计及施工时充分考虑了防腐措施，基于开挖检查结果分析，防腐措施正确，防腐效果良好。但针对基础外露部分，设计时未能考虑防腐涂层防风沙效果，该段线路处于戈壁滩，大风天气较多，大风带起的沙石，长年对基础外露部分造成侵蚀，防腐涂层遭受磨损，逐年失效，铁塔基础的外露部分，失去了防腐涂层保护，在长期受盐碱腐蚀作用下，出现基础混凝土酥松脱落的现象。

3　处理措施

（1）经相关单位和专家研究决定，针对该缺陷采取混凝土外围加固的措施，即将基础受到腐蚀酥松部分进行清除，然后在外围浇筑混凝土进行补强。基础改造前如图7-2-2所示，基础改造后如图7-2-3所示。

图7-2-2　基础改造前

图 7－2－3　基础改造后

（2）建立该区段基础腐蚀隐患台账，巡视时重点关注基础外露部分腐蚀情况，发现防腐涂层受损，及时补涂，保证其防腐功能持续发挥作用。

（3）结合巡视，每年按强腐蚀区 5%、中腐蚀区 3%、弱腐蚀区 1%的比例，抽取相应数量的塔位，开展开挖检查工作，检查基础地面以下部分防腐涂层完好情况与基础腐蚀情况，如发现防腐涂层脱落或基础腐蚀情况，将相似运行条件的塔位全部开挖检查，对发现的腐蚀情况进行相应的处理。

【7－3】绝缘地线间隙异常放电

1　异常基本情况

1.1　异常信息

750kV××线自 2011 年 2 月运行以来，先后发现多处铁塔地线放电间隙长期放电，导致地线绝缘子损坏。

1.2　故障区段情况

该线路全长 147.416km，全线同塔双回架设，共 304 基铁塔，导线采用 LGJK－400/45（1～131 号）和 LGJ－500/45（132～304 号）两种型号，地线采用 JLB20A－150 铝包钢绞线，于 2011 年 2 月 26 日投入运行。

2　异常现场调查

2012 年 2 月巡视的过程中发现 23 号、35 号、39 号和 171 号地线绝缘子（XDP－70C）烧伤损坏，如图 7－3－1～图 7－3－3 所示。

图 7-3-1　23 号地线绝缘子损坏

图 7-3-2　35 号地线绝缘子损坏

图 7-3-3　39 号地线绝缘子损坏

3 原因分析

通过对设计图纸、台账和现场进行查看和校核，对地线绝缘子频繁放电现象分析如下：

3.1 现场地线金具串组装图和设计图纸不符

（1）23 号地线绝缘子一串脱落、35 号地线绝缘子一串脱落、39 号地线绝缘子一串瓷群脱落。23 号、35 号、39 号在同一地线耐张段内，耐张段为 22～40 号；地线耐张段长 7888.7m；共 19 基铁塔（含两端）；地线耐张段设计单点接地，设计接地点为 30 号塔位，其余连接点通过地线绝缘子与杆塔连接。该地线耐张段设计 30 号设计地线金具为单串接地连接，而 30 号现场实际为双绝缘串连接（有放电间隙的绝缘子串连接），不符合设计要求。

（2）171 号地线绝缘子一串脱落，该塔位所在耐张段为 159～175 号；耐张段地线长 7902m，共 17 基铁塔（含两端）；本耐张段设计单点接地塔号为 167 号塔，地线金具串设计为双串接地连接，而 167 号现场实际为双绝缘串连接。不符合设计要求。

3.2 耐张段无接地点导致地线运行时隙持续放电

159～175 号（区段长 7902m）和 22～40 号（区段长 7888.7m），设计单点接地点分别为 167 号和 30 号，但这两基杆塔地线实际为并联放电间隙的绝缘连接；致使整个耐张段无接地点，形成悬浮电位。悬浮电位在地线绝缘子两端产生压差，造成钢脚和铁帽之间持续放电。由于持续放电下的长期过热，最终导致铁帽从水泥上脱落，造成地线双挂变为单挂现象，形成较大安全隐患。

4 防治措施

（1）要求设计逐塔说明地线接地方式；施工安装应认真核对，遇有疑问时，与设计方核对确认，必要时请设计出具设计联络单。

（2）地线间隙长期放电可以引起严重的通信干扰，甚至烧断地线绝缘子造成停电事故。故应对耐张区段 159～175 号、20～40 号逐基登塔检查，认真核实地线绝缘子烧伤损坏情况，并对烧伤损坏的绝缘子进行更换。

（3）对其他 750kV 线路，现场排查地线接地杆塔金具连接和设计图纸是否相符，对金具组装与图纸不符的及时进行处理。

（4）加强开展特巡和监督性巡视，对架空地线间隙放电现象要严密监测，在线路运行中，对此种情况进行重点排查。

（5）在以后的交流线路验收中，对于架空地线分段绝缘单点接地的接地处，应严格按照图纸验收，保证验收质量。

【7－4】换位塔跳线空间间隙不足

1　异常基本情况

1.1　异常信息

2010 年 10 月，在 750kV××线验收过程中，测量发现线路同塔双回路换位塔 174 号上、中相跳线间，最小空间间隙不足，且同时有跳线绝缘子串偏斜严重、引流板非常规受力、钢梁不对称安装等问题，属于严重缺陷，各种缺陷情况如图 7－4－1～图 7－4－3 所示。

图 7－4－1　发生缺陷位置

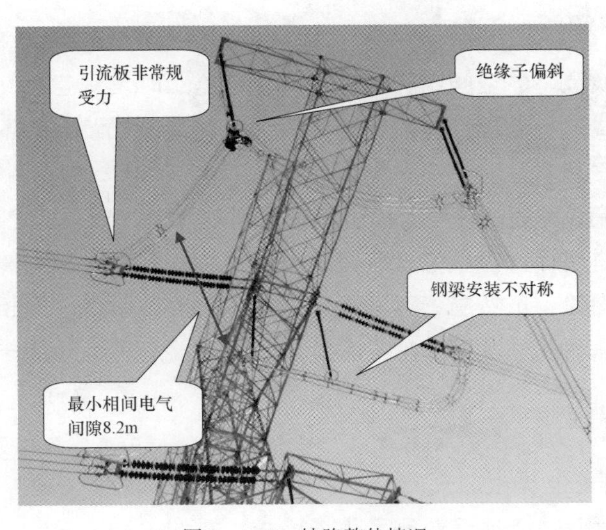

图 7－4－2　缺陷整体情况

图 7-4-3 绝缘子严重偏斜

1.2 异常段设计情况

该线路全线采用同塔双回路架设，174 号塔为 4 基换位塔之一。线路设计气象条件为：覆冰 10mm、风速 30m/s，于 2010 年投入运行。

1.3 运行工况

174 号塔位于戈壁滩，周边无高山和其他高大建筑物，线路途经区域每年 8 级以上大风天气超过 80 日，最长日大风持续时间约 390min，且风向多变。

2 原因分析

设计时对换位塔的空间结构考虑不周全，施工时发现空气间隙明显不足，采取了以下方式进行处理：缩短上相引流线，将鼠笼式跳线钢梁向小号侧挪移 2.5m，不对称安装。

因上相引流线缩短，导致上相引流板非常规受力，与悬垂绝缘子形成拉扯，造成绝缘子偏斜超标；因鼠笼式跳线钢梁不对称安装，导致鼠笼跳线两支悬垂绝缘子受力不均匀；虽然施工时进行了调整，验收中对上、中相跳线之间的空气间隙进行精确测量后发现：在考虑风偏情况下，无法满足安全运行要求。

3 处理措施

3.1 临时处理措施

设计单位对此缺陷情况进行了现场勘查，重新进行了设计，提出以下处理措施：

（1）按设计要求恢复上相跳线的钢管的安装位置；

（2）在一线上相小号侧、二线上相大号侧，每根子导线上加装T型线夹各1个，线夹距耐张线夹出口距离2.50m；

（3）重新制作上相跳线，引流线不再与耐张线夹引流板连接，将引流线与加装的T型线夹连接；

（4）新制作的引流线长度、工艺必须符合要求，保证跳线悬垂绝缘子串偏斜在规范允许范围内，且跳线间空气间隙符合设计要求。

T型线夹加装及引流线连接方法如图7-4-4所示。

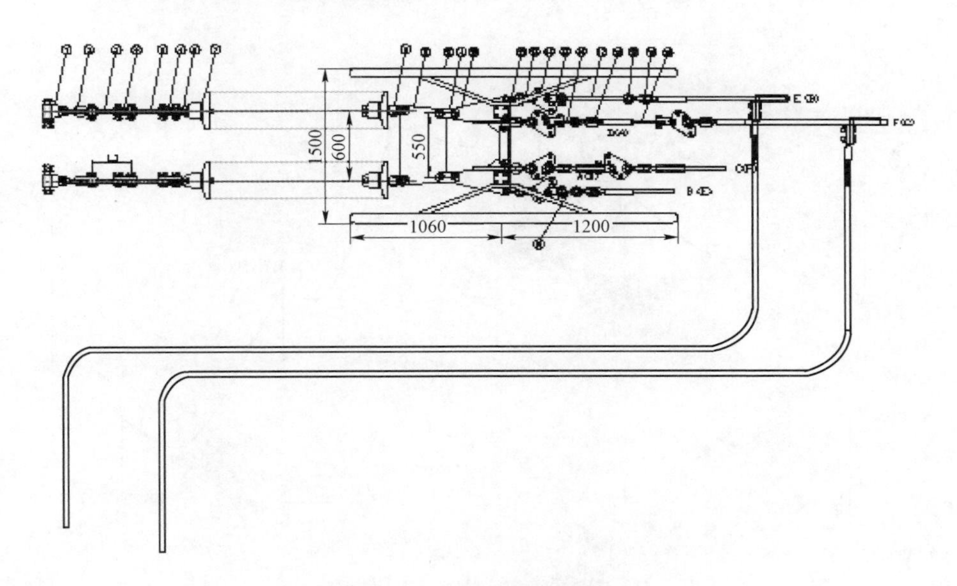

图7-4-4　加装改造设计图

经测量，改造完成后的跳线间空气间隙能够满足设计要求。

3.2　后续处理措施

（1）针对加装的T型线夹，建立安全隐患档案；运行中加强监视；按照线路红外测温周期要求，定期对接头部分进行测温。

（2）结合线路停电检修，设计出具相应的改造方案，通过增加绝缘子串片数、加长耐张线夹拉杆等方式，将耐张线夹调整至合适的安装位置，取代加装的T型线夹，消除安全隐患。

【7-5】连续多档地线滑移

1 异常基本情况

1.1 异常信息

2007年1月，巡视发现750kV××线206～210号、227～232号段部分塔位地线相继发生滑移，且金具串也出现不同程度的偏斜，如图7-5-1、图7-5-2所示。

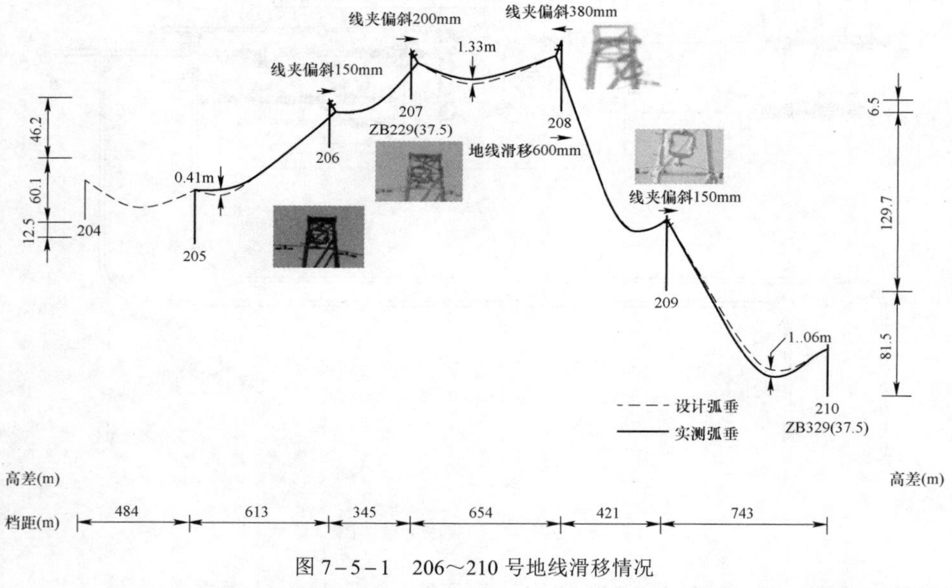

图7-5-1 206～210号地线滑移情况

注：1. 208号地线向大号侧滑移约600mm，线夹向小号偏斜380mm，且两侧共5只防振器均翻转。

2. 207号地线金具串向大号侧偏斜200mm。

3. 206号、209号地线金具串向大号侧偏斜150mm。

4. 205～206号地线实际弛度比设计标准高0.41m，比验收时实际弛度高0.24m。

5. 207～208号地线实际弛度比设计标准高1.33m。

6. 209～210号地线实际弛度比设计标准低1.06m。

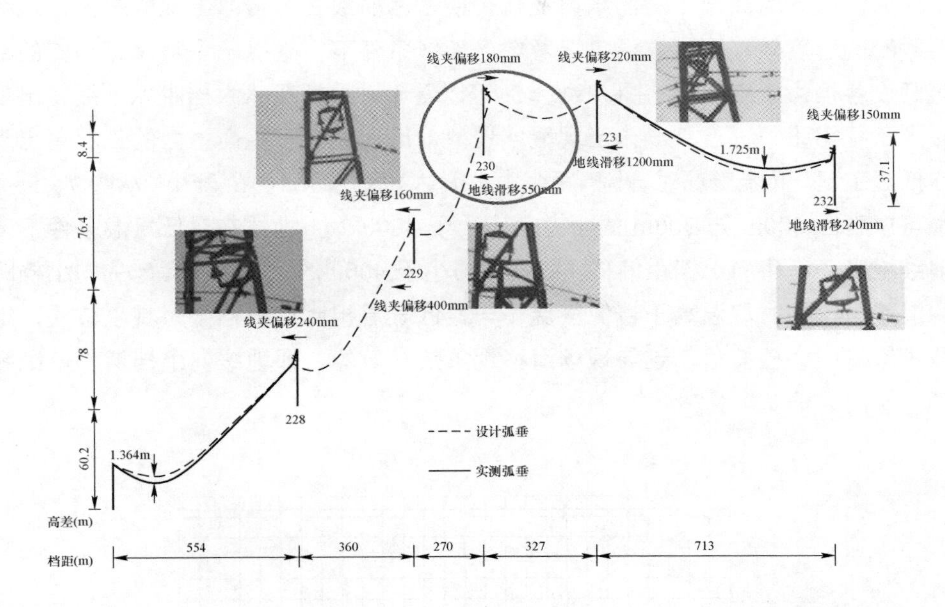

图 7-5-2 227～232 号地线滑移情况

注：1. 227～228 号地线弧垂比设计标准低 1.364m，超差 0.78m，228 金具串向小号侧偏斜 240mm；导线与地线间距 15.59m。

2. 229 号金具串向小号侧偏斜 160mm，地线向小号侧滑移 400mm。

3. 230 号金具串向大号侧偏斜 180mm，地线向小号侧滑移 550mm。

4. 231 号金具串向大号侧偏斜 220mm，地线向小号侧滑移 1200mm。

5. 232 号金具串向小号侧偏斜 150mm，地线向大号侧滑移 240mm。

6. 231～232 号地线弧垂比设计标准高 1.725m，超差 0.76m。导线与地线间距 17.03m。

1.2 异常段设计情况

该线路全线采用单回路架设，设计气象条件为覆冰 10mm、风速 30m/s，左地线为 1×19-11.5-1270 型镀锌钢绞线，右地线采用 OPGW 复合光缆，线路于 2005 年投入运行。出现异常区段为连续爬坡区段，滑移地线为左地线，采用普通悬垂线夹，型号为 XGU-2F。

2 原因分析

2.1 张力差分析

一般架线条件下，绝缘子金具串是垂直的，但由于各档档距、高差的差异，随着气温、外荷载的变化，各档间将出现不平衡张力，引起绝缘子金具串偏斜，

图 7－5－3 显示了不同工况、不同档距的张力变化，曲线①为低温工况的张力变化，曲线⑤为高温工况的张力变化，最上面曲线②为覆冰工况的张力，地线架线时的温度较高可按高温工况考虑。架线条件下，绝缘子金具串是垂直的，可假设各档为孤立档，从图 7－5－3 可以看出，小档覆冰大档脱冰地线将出现最大不平衡张力，但现场未出现覆冰现象，出现最大不平衡张力的工况将出现在低温工况。低温工况时，小档距张力上升大，大档距张力上升小。从图 7－5－3 中可以看出 300m 与 700m 的张力差应小于 4000kN，地线在最低气温条件下，地线绝缘子串将向小档距偏移，线夹握力小于 4000kN，地线就会产生向小档距的滑移，测试时气温高于最低气温，与最低气温相比，小档张力减小较快，绝缘子串将向大档偏移，这与现场滑移现象是一致的，即地线向小档滑移，绝缘子串偏向大档。

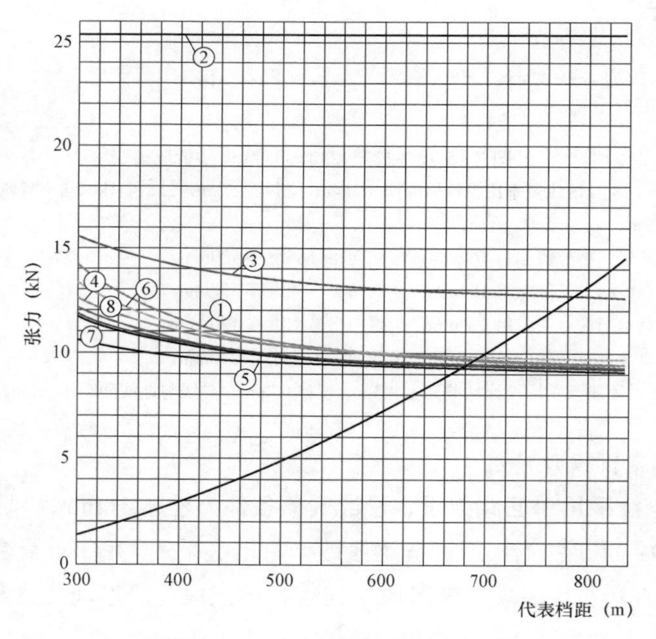

图 7－5－3　张力与代表档距关系曲线

按照地线滑移情况计算，现在的张力差见表 7－5－1，线夹上的最大张力差在 231 号，数值为 1074N。

表7-5-1 滑移区段张力差列表

塔号	桩号	塔型	呼高（m）	档距（m）	高差（m）	线夹偏移（m）	线夹偏角（°）	垂直荷载（N）	纵向张力差（N）	轴向张力差（N）
227	230	JG2	30	244	−41.8	0	0	0	0	0
228	231	ZB129	49.5	554	60.2	0.24	16	1939	564	566
229	232	ZB129	58.5	360	78	0.16	11	1447	274	275
230	233	ZB129	45	270	76.4	0.18	12	4039	864	882
231	234	ZB229	45	327	8.4	0.22	15	3980	1053	1074
232	235	ZB229	40.5	713	−37.1	0.15	10	3270	579	587
233	236	ZB129	45	388	−17.3					
234	237	ZB229	54	531	1.8					
235	238	ZB229	48	599	−53.7					
236	239	ZB129	34.5	508	−75					
237	240	JG2	30	164	−27.5					

2.2 金具使用情况分析

异常区段地线采用普通悬垂线夹，型号为 XGU－2F，其适用地线直径范围为 7.1～13mm，本工程地线直径为 11.5mm，处于地线悬垂线夹适用范围的中间。

其招标文件要求为：

（1）悬垂线夹要为耐磨型。

（2）悬垂角不小于 22.5°；船体线槽的曲率半径应不小于地线直径的 8～10 倍，线夹与导线的接触部分应保持光滑。

（3）悬垂线夹在线路上应能灵活转动，其摆角不小于 ± 30° 。

（4）悬垂线夹握力不小于地线计算拉断力的 14%。本线路采用的地线为 1 × 19－11.5－1270 型，计算拉断力为 90 225N，所以线夹的握力不小于应不小于 90 225N × 14%=12 631N。

2.3 滑移出现原因分析

在架空线路连续倾斜档区段，地线滑移情况是较为常见的现象，根据该异常区段地形情况分析，出现滑移原因如下：

（1）设计针对连续倾斜档没有做出特殊要求或让线长度偏小；

（2）施工放线完成后未等地线自然稳定便安装地线金具；

（3）地线制造时绞合较松散，初伸长过大。

3 处理措施

（1）随着气温的上升绝缘子串偏移可能加大，地线有向原滑移的反方向滑移的可能，在运行巡视中加强观测。

（2）通过技术改造，彻底消除地线滑移的缺陷。技术改造方案如下：将206～210号、227～232号段地形起伏较大或地线滑移较严重的205号、208号、210号、228号、230号、232号共6基塔位悬垂串，在不改变其地线绝缘方式的前提下改造为悬垂开段型式。地线金具原组装示意图如图7-5-4所示，地线金具改造后组装示意图如图7-5-5所示。

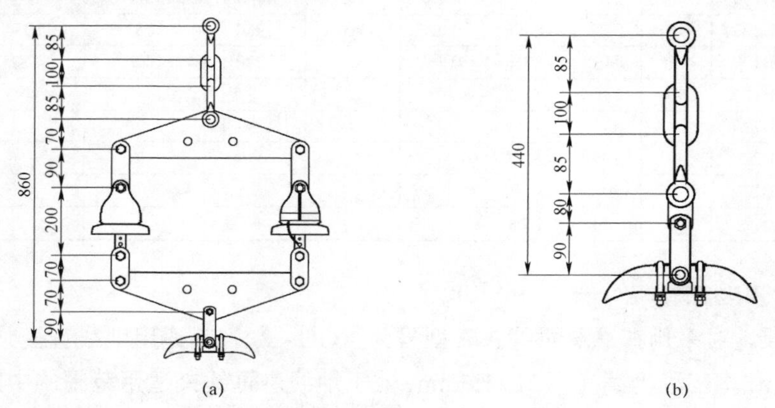

图7-5-4 地线金具原组装示意图
（a）情况（一）；（b）情况（二）

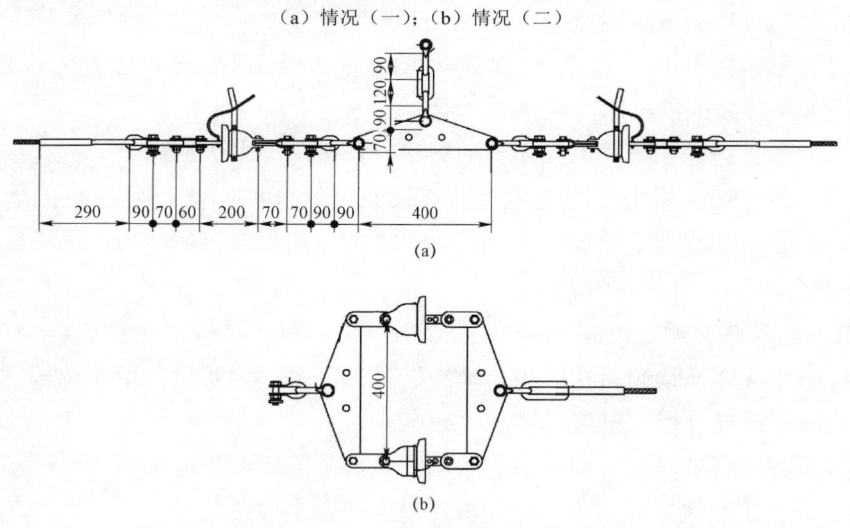

图7-5-5 地线金具改造后组装示意图
（a）情况（一）；（b）情况（二）

地线为直接接地方式的塔位，改造后组装时，需拆除绝缘子部分，即两侧耐张串安装时将U型挂环直接与耐张线夹相连。

第8章 施 工 原 因

【8-1】扩径导线跳股

1 异常基本情况

1.1 异常信息

2009 年 9 月 15 日上午，750kV××线某标段开始展放第一档（125～138 号）导线，在导线放出大约 200m 后停机检查导线，未发现导线松股，当走板通过 129 号后，质检人员下塔对导线进行检查时，发现左相 4、5、6 号子导线局部有轻微松股现象，1、2、3 号子导线外观无异常。当左相导线放通并锚地后，手摸 4、5、6 号子导线，发现有凹凸感，无明显跳股现象。在紧线、附件安装完成后，自检、消缺过程中发现导线出现多处跳股现象，如图 8-1-1 所示。跳股长度最短的为 0.1m，最长的近百米，但未发现因跳股而发生的导线损伤情况。

图 8-1-1 跳股现象

1.2 异常段设计情况

8 标段（110～196 号）输电线路长度 42.515km，铁塔总数 86 基，其中直线塔 77 基、耐张塔 8 基、换位塔 1 基。导线全线使用 LGJK－310/50 扩径钢芯铝绞线。

LGJK－310/50 型扩径钢芯铝绞线，导线结构为外层 24 根铝线，邻外层 10 根铝线，内层 8 根铝线，最里层 7 根钢绞线，单线直径 3.07mm（42/3.07+7/3.07）。内层铝线和邻外层铝线均匀排列，铝线之间有间隙，导线断面结构如图 8－1－2 所示。

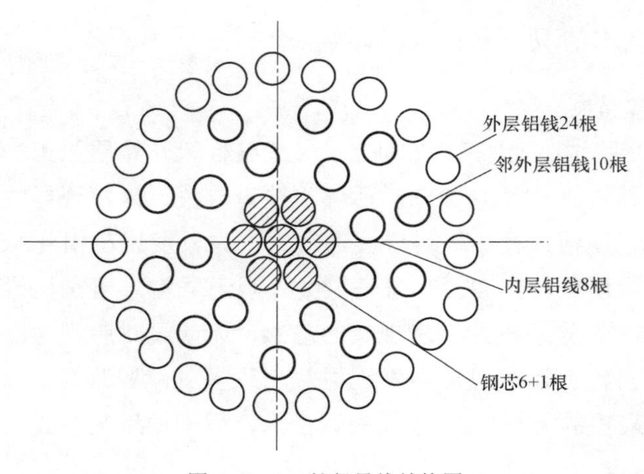

图 8－1－2　扩径导线结构图

1.3　运行工况

异常段施工期间风天较多，并跨越一条 330kV 线路及省道，地形较为复杂。

2　原因分析

2.1　抽股股数的影响

该线路使用的扩径钢芯铝绞线是由原 LGJ－400/50 型导线抽股而成。LGJ－400/50 型扩径导线的铝线从内层至外层根数分别为 12、18、24，LGJK－310/50 型扩径导线的铝线从内层至外层根数分别为 8、10、24。即内层抽 4 根，邻外层抽 8 根，合计抽 12 根铝线，外层铝线不变仍为 24 根。导线抽股后，由于内层铝线和邻外层铝线不是紧密排列，铝线之间有间隙，导线受压后容易产生变形和压痕。因此导线在运输、起吊线轴、张力放线、紧线和附件的施工过程中，操作不当易引起线股损伤和线轴挤压变形，引发跳股。

2.2　放线张力的影响

导线水平张力通过导线外层铝股螺旋结构产生向内径方向的分力，如果没有内层支撑，将迫使某根铝股向外跳出。根据放线区段的划分，计算的牵张力与实际展放导线时的牵张力值对照见表 8-1-1。

表 8-1-1　　放线段牵张力计算表与结果对照

序号	放线段	通过滑车数（个）	计算出口张力（N）	计算最大牵引力（N）	实际展放出口最大张力（N）	实际展放最大牵引力（N）
1	110～124	15	12 500	84 515	12 000	83 000
2	125～138	14	14 600	94 573	15 000	95 000
3	139～153	15	12 500	89 024	13 000	91 000
4	154～167	14	12 300	83 052	12 000	85 000
5	168～181	14	12 500	86 242	13 000	90 000
6	182～196	14	13 500	92 862	13 000	91 000

在放线过程中，125～138 号放线段，考虑跨越一条 330kV 线路及 202 省道，张力机出口张力相对较大（放线张力 15 000N，计算出口张力 14 600N），对扩径导线跳股有直接影响。通过扩径导线在近几年的试验及使用来看，放线张力是影响跳股的重要原因之一。

2.3　过滑车次数影响

扩径导线内部为半空心状态，在过滑车时由于挤压会使导线变成椭圆形，过完滑车后又恢复为圆形。在这个过程当中导线内层和邻外层可能发生移位，就会影响导线的几何尺寸和铝股之间的均匀受力。125～138 号放线段共经过滑车 14 个，这极易使扩径导线的结构处于不稳定状态。因此，在施工中必须有效地控制导线过滑车次数，一般不超过 12 个，以减少这种导线内层和邻外层的不均匀移位。

2.4　转角度数影响

扩径导线放线过程中，转角滑车不但要承受档内导线垂直荷载，而且要承受牵引力在角平分线上的投影分力，尤其是转角超过 20°后，水平分力将达到牵引力的 30%左右。125～138 号放线段内有耐张塔，转角度数较大，增大了导线的侧压力，进一步扩大了扩径导线跳股发生的可能性。

2.5　挂胶影响

放线滑车是否挂胶与线股的压痕严重程度关系很大，有挂胶可有效降低产生压痕的程度。由于施工单位挂胶滑车不足，部分采用铝合金滑车，导致扩径导线局部压强过大，内层铝股出现压痕。

2.6 地形高差影响

125～138 号放线段，跨越一条 330kV 线路及省道，地势结构较为复杂，并且相邻铁塔之间的相对高差从 1～70m 不等，导致导线放线张力增大。

2.7 风的影响

因放线时风力较大，为防止绞线，曾终止过导线的展放工作，其间出现了子线间鞭击情况。后续在紧线完毕，附件尚未安装前，导线因大风作用又产生相互鞭击现象，使导线内层铝股和邻外层铝股出现压痕，内层铝线直径缩小，对外层铝股支持力缺失，导线结构局部塌陷，个别铝股内陷，与其相邻的铝股被挤出，造成跳股现象。

2.8 材料影响

由于导线内层铝股和邻外层铝股疏绕，铝股的硬度偏小，导线受力后使内层铝股和邻外层铝股出现压痕且压痕较深，内层铝线直径缩小，对外层铝股支持力缺失，使导线的结构处于不稳定状态。

3 处理措施

3.1 现场处理措施

使用两个卡线器串接锚线绳、手扳葫芦，将跳股导线分段锚住收紧呈松弛状态。用麻绳顺导线绞制方向赶，个别跳股仍未赶平时，可用木棒轻轻敲击，直至将跳出线股基本恢复原状。处理完毕后，每 10cm 左右用铝绑扎丝绑扎。拆除锚线绳，待导线稳定一段时间后拆除绑扎丝。处理方式如图 8－1－3 所示。

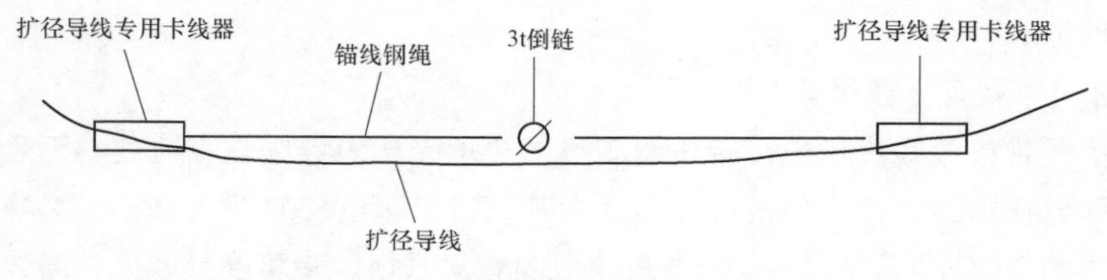

图 8－1－3 跳股处理方法示意图

为达到更理想的效果，可多次重复上述操作。导线跳股处理后无明显凸起，跳股高度不大于线股直径的 1/3 方可通过验收。导线处理前后对比效果如图 8－1－4 所示。

(a)

(b)

图8-1-4 处理前后对比图
(a)处理前;(b)处理后

3.2 预防措施

(1)选用扩径导线时，应尽量选择地形高差较小，比较平坦的地区。对跨越复杂、气象条件差和转角度数大的地区应少用或不用扩径导线。

(2)建设单位在工期计划安排时，应充分考虑气象条件对扩径导线展放施工的影响。不宜选在风多、气象条件恶劣的季节进行扩径导线放紧线工作，以免出现导线鞭击的情况。

(3)施工过程中严格按照扩径导线施工工艺要求执行。一是严格控制放线张力；二是采用挂胶滑轮；三是控制过滑车次数；四是不得通过超标准转角处。

(4)监理单位应加强放线施工措施审核和监督执行，施工中使用的工器具必须符合相关标准要求。

【8-2】塔脚板焊接质量不合格

1 异常基本情况

1.1 异常信息

2016年11月24日，运维人员在线路巡视中，发现750kV××线82号塔B、C、D腿塔脚板在保护帽上方约12cm处均存在不同程度的断裂，其中B腿塔脚板断裂最大宽度1cm、长17cm，C腿塔脚板在焊点处有明显的断裂痕迹（其相邻2根辅材在螺孔处被拉裂），D腿塔脚板断裂最大宽度0.6cm、长12cm，同时该塔主材及相应斜材存在变形情况，现场未发现有山体滑坡及基础沉降现象。

设计院测量基础柱顶标高误差偏离值 B、C 腿最大为 9.9cm，铁塔对角线相对误差值 4.38%，82 号塔脚板断裂现象如图 8－2－1 所示。

图 8－2－1　塔脚板断裂现象

1.2　异常段设计情况

82 号塔型 3A3－JC3，呼高 33m，全高 44.5m，左转 42°36′35″，大号侧档距 232m，小号侧档距为 316m，基础是斜柱式大开挖基础，基底采用灰土换填 2m 处理。设计基本风速 27m/s，覆冰厚度 10mm，最高气温 40℃，最低气温－35℃，年平均气温 5℃，海拔高度 3450m，地形平坦，地质条件良好。全塔单线图如图 8－2－2 所示。根开设计情况如图 8－2－3 所示，测量数据见表 8－2－1。

表 8－2－1　　基础根开数据

基础类型	基础图名	基础图号	单腿材料量			
			规格（$B\times H$）（mm×mm）	W（mm）	混凝土 C20（kg）	钢筋（kg）
斜柱柔性基础	Rx-JL1100L12	TD-XJ10-3102-137	4000×3900	1000	12.43	1198.3
	Rx-JL1100L07	TD-XJ10-3102-139	3300×3000	900	8.13	723.5
	Rx-JL1100L12	TD-XJ10-3102-140	3300×3100	900	8.62	784.8

注　B、H 分别表示基础底盘的宽度、埋深；W 表示基础立柱断面值。后同。

1.3　运行工况

发现 82 号塔异常情况后，立即对异常塔位查阅相关图纸、台账及现场进行测量。根开测量数据见表 8－2－2，基础柱顶高差见表 8－2－3，四腿主材弯曲及倾斜数据见表 8－2－4。

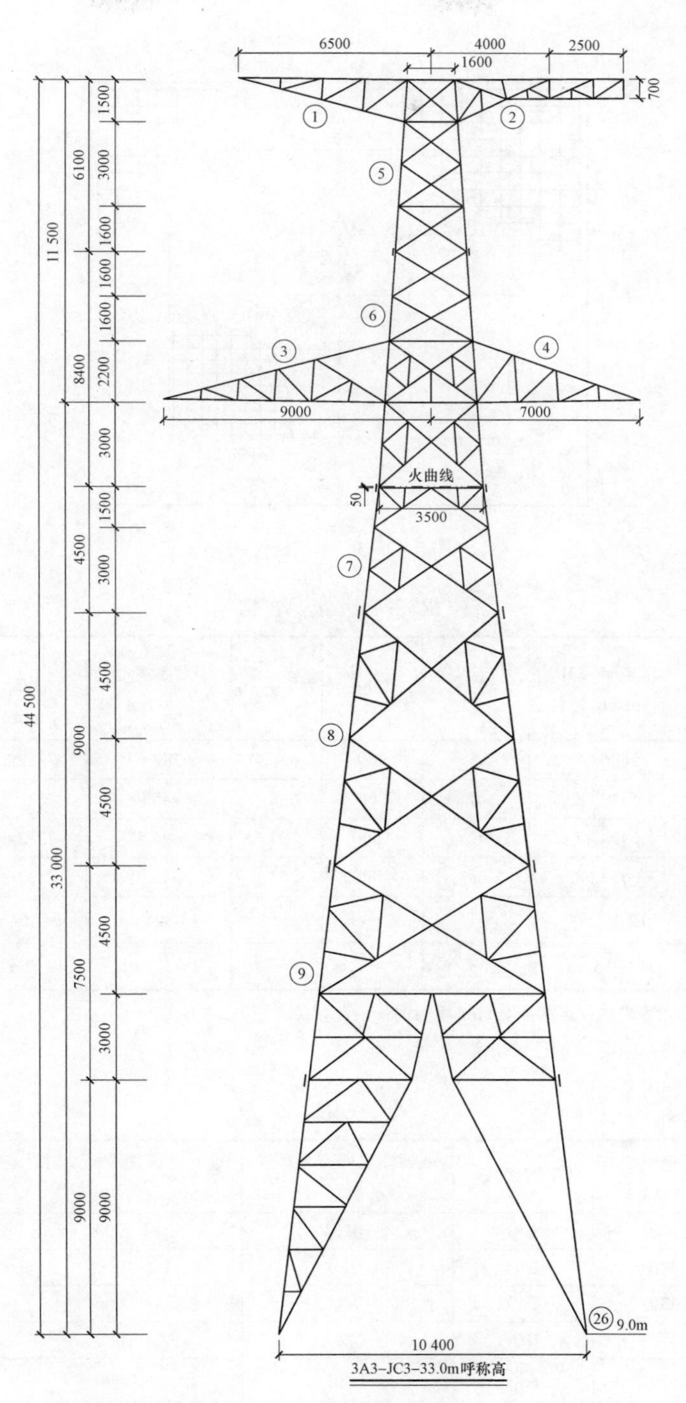
6500
4000
2500
1600
700
1500
3000
6100
1600
11 500
1600
1600
2200
8400
9000
7000
3000
火曲线
50
3500
1500
3000
4500
4500
9000
44 500
4500
33 000
4500
7500
3000
9000
9000
9.0m
10 400
3A3-JC3-33.0m呼称高

图 8-2-2 全塔单线图

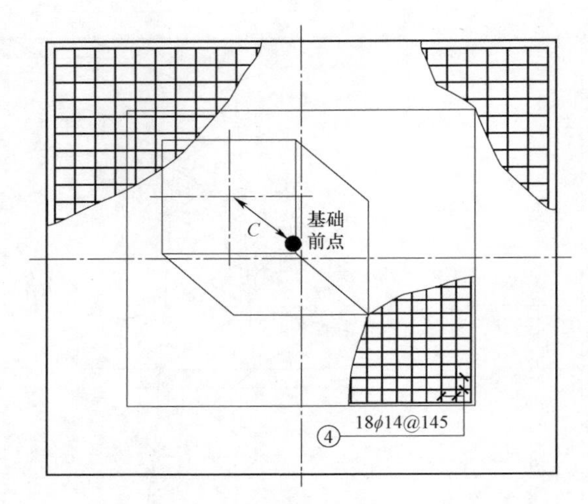

图 8-2-3　基础施工图

表 8-2-2　　根开测量数据

前点腿号	前点半根开（mm）	腿号	W（mm）	C（mm）	基础对角值（mm）	根开对角计值（mm）	差值（mm）
OA	5496.27	A	900	636.4	6132.67	7382.2	1249.53
OB	6349.58	B	900	636.4	6985.98	7382.2	396.22
OC	6988.47	C	1000	707.1	7695.57	7382.2	-313.37
OD	6633.98	D	1000	707.1	7341.08	7382.2	41.12
OA+OC	12 484.74	—	—	—	13 828.24	14 764.4	936.16
OB+OD	12 983.56	—	—	—	14 327.06	14 764.4	437.34

注　1. 前点为铁塔中心至各腿基础铁塔内侧最近点距离（图 8-2-3 中圆点）。

2. C 值根据图纸 W 值计算所得。

表 8-2-3　　基础柱顶高差

腿号	测量值（mm）	相对腿号	基础柱顶标高相对差（mm）	设计基础柱顶标高相对差（mm）	误差偏离值（mm）
A	1350	A/B	850	1000	150
B	2200	B/C	1130	1000	130
C	3330	C/D	960	1000	40
D	2370	D/A	1020	1000	20
—	—	A/C	1980	2000	20
—	—	B/D	170	0	170

表 8-2-4　　四腿主材弯曲及倾斜数据

<table>
<tr><th rowspan="3">腿号</th><th rowspan="3">主材长度（mm）</th><th rowspan="3">主材弯曲值（mm）</th><th rowspan="3">主材弯曲度（‰）</th><th colspan="4">铁塔倾斜数值</th><th rowspan="3">备注</th></tr>
<tr><th colspan="2">顺线路方向（mm）</th><th colspan="2">横线路方向（mm）</th></tr>
<tr><th>大号侧</th><th>小号侧</th><th>内角侧</th><th>外角侧</th></tr>
<tr><td>A</td><td>19 000</td><td>70</td><td>3.68</td><td rowspan="4">—</td><td rowspan="4">80</td><td rowspan="4">30</td><td rowspan="4">—</td><td></td></tr>
<tr><td>B</td><td>20 000</td><td>45</td><td>2.25</td><td></td></tr>
<tr><td>C</td><td>21 000</td><td>25</td><td>1.2</td><td></td></tr>
<tr><td>D</td><td>20 000</td><td>60</td><td>3</td><td></td></tr>
</table>

根据上述基础配置表可知 82 号塔 A 腿最高，BD 腿次之、C 腿最低，且 BD 腿在同一高度。现场测量数据可见在同一高程的 BD 腿相差-170mm，说明 B 腿相对于 A、C 腿也有 150mm、130mm 差值，而 A、C、D 腿相对差值在 20～40mm 可忽略为测量误差，据此可推断为 B 腿基础分坑或开挖存在失误，偏离设计位置 200mm，塔脚板承受较大的装配应力，最终造成主材弯曲，塔脚板断裂。

经走访得知立塔时已经发现 B 腿基础位置错误，为了不延误工期，便对 B 腿基础开挖，利用倒链、千斤顶复位后强行组立铁塔。

综上所述，确认 82 号塔因施工基础高差及根开尺寸偏差过大，铁塔安装后塔脚板承受应力较大，长期运行后造成塔脚板从根部断裂。

2　治理措施

2.1　应急处理措施

2.1.1　设置上下层保护拉线

为确保塔体稳定，对铁塔设置上下层保护拉线，拉线布置如图 8-2-4 所示。

2.1.2　塔身加固

在塔身变坡口以下，对塔身进行水平加箍，加箍材料采用钢丝绳或角钢，在主要节点处水平四周围箍，限制塔身主材继续变形，铁塔水平材加箍情况如图 8-2-5 所示。

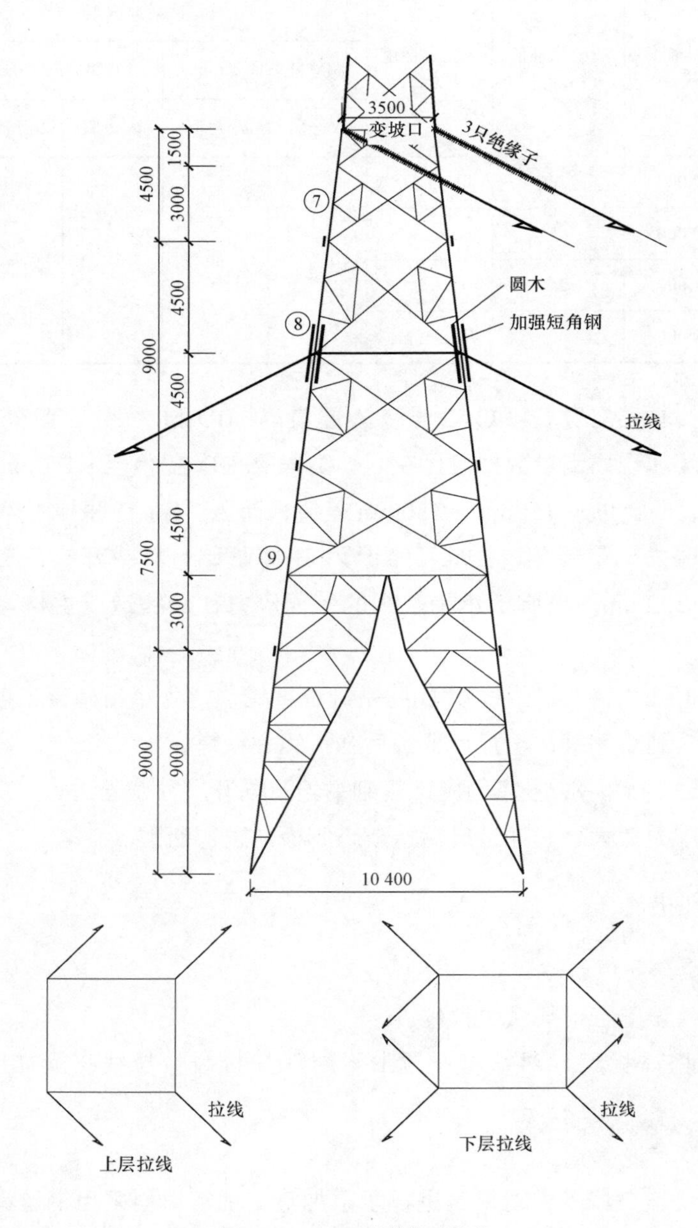

图 8-2-4 82 号塔临时拉线

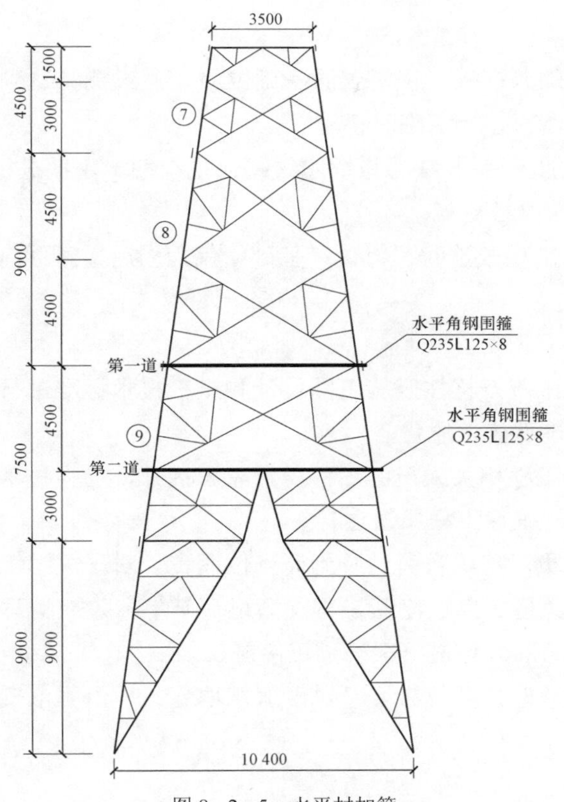

图 8-2-5　水平材加箍

2.1.3　塔脚板处理

采用现场焊接 B、D 塔脚裂缝，同时上下内外贴钢板围焊固结，焊接情况如图 8-2-6 所示。

(a)

(b)

图 8-2-6　B、D 塔脚裂缝焊接

（a）B 塔脚；（b）D 塔脚

2.1.4 纠偏扶正基础

将基础底部加入钢板，恢复到原基础位置，通过测量达到设计要求，更换塔脚板、变形的塔材，拆除临时措施。

运维单位对加固后的 82 号塔缩短线路巡视周期，定期进行观测。

2.2 永久处理措施

2017 年 5 月工程改造时，将该塔基础纠偏加固后重新立塔。

3 防范措施

（1）在施工中应严格按照施工图设计和施工技术标准进行，各项技术参数严格审核无误，确保施工质量。

（2）加大对工程相关人员的工程质量意识提升，加强技术培训，提高施工过程的管理水平，确保工程质量达标。

（3）监理人员严格履行旁站及到岗到位职责。对于关键工序认真检查，特别是重点部位、关键工序、隐蔽工程、薄弱环节等，没有监理旁站不准施工，只有上道工序合格后方可进行下一道工序施工。

（4）线路验收时，严格按照“进度服从质量、质量服从安全”原则，严把设备验收关。

【8-3】玻璃绝缘子自爆率超标

1 异常基本情况

1.1 异常信息

750kV ××线投运 4 个月后，耐张塔采用的玻璃绝缘子自曝率严重超标。

1.2 异常段设计情况

该线投运日期为 2014 年 6 月 23 日，线路全长 2×92km，在 15、25mm 冰区段（Ⅰ线 258～289 号、Ⅱ线 254～283 号）分两个单回架设，长度为 12km；10mm 冰区段为同塔双回路架设，长度为 80km。

单回路架设 15、25mm 冰区耐张塔：Ⅰ线 16 基，Ⅱ线 13 基，绝缘配置为瓷质绝缘子。

同塔双回路架设 10mm 冰区耐张塔：Ⅰ线 39 基，Ⅱ线 39 基，绝缘配置为 U420B/205 双串玻璃绝缘子。Ⅰ、Ⅱ线共使用 U420B/205 玻璃绝缘子 40 320 片。

2　异常现场调查

2014 年 6 月，在对该线路进行竣工验收中，发现大量的玻璃绝缘子自爆。后经向施工单位了解及查阅相关现场记录资料统计，该线路施工期间玻璃绝缘子自爆率达 0.824%。线路投运 4 个月后，对该线路全部玻璃绝缘子进行专项特巡排查，情况如下：

Ⅰ线共使用 20 160 片玻璃绝缘子，自爆 62 片，4 个月的劣化率 0.308%，折算年劣化率为 0.924%；Ⅱ线共使用 20 160 片玻璃绝缘子，自爆 60 片，4 个月的劣化率 0.298%，折算年劣化率为 0.894%；均远超标准规定年劣化率不大于 0.02%的要求。

3　原因分析

由于该批次玻璃绝缘子刚挂网使用即发生大量自爆，因此与地域、季节、气象及是否承受电压没有明显相关性，所以判定制造原因是导致玻璃绝缘子自爆的主要因素。

经查询玻璃绝缘子生产厂家相关生产记录资料，发现供货期间玻璃件从生产到装配时间较短（约 20 天），未有效剔除压应力与张应力分布不均匀的玻璃绝缘子。同时，生产厂家因设备故障，将未经完整冷热冲击处理的玻璃元件装配到了本批次玻璃绝缘子中。根据 Q/GDW 13251.1—2014《10kV～1000kV 交流盘形悬式瓷或玻璃绝缘子采购标准　第 1 部分：通用技术规范》的规定，在投运后的 3 年内，玻璃绝缘子年自爆率应不大于 0.02%。

延伸阅读

1. 钢化玻璃绝缘子的自爆机理

钢化玻璃绝缘子自爆主要是指玻璃件的自动爆破。钢化玻璃绝缘子属无机物材料，采用热塑成型法制成。玻璃件中结石、疙瘩、条纹和气泡等缺陷都是在熔制过程中产生的。绝缘子玻璃件成型后，因各部位存在温差而产生了内应力。玻璃的内应力又分暂时应力和永久应力，暂时应力是随温度梯度的存在而存在，随温度梯度的消失而消失的热应力，而永久应力是随温度梯度消失时仍残留在玻璃内的热应力。这种热应力的生成过程如下：当玻璃件加热至软化温度（760～780℃）快速冷却时，表面因急冷力收缩，而内部处在热膨胀状态，阻止表面层的收缩，此时表面层感受到张应力的作用，内部感受到压应力的作用。当玻璃件继续快速冷却，应力状态随之变化，内部因急冷要求占据最小体积，却受到了表面层已经硬化成脆性体的阻碍，不让内层收缩，这时表面层产生了压应力，内层产生了张应力，这两种应力一直到完全冷却和温度梯度全部消失后均匀分布在玻璃件内。加工时一般采用钢化的热处理，使这两层应力在玻璃件内相对平衡和均匀分布。这种均匀分布和外层出现的压应力可以提高玻璃件的机械强度，增强玻璃绝缘子承受外力的能力。

若钢化玻璃绝缘子存有内部缺陷，如玻璃体内存有杂质或加工工艺不良，运行过程中受到较大的外力冲击，玻璃体外层压应力和内部张应力的平衡受到破坏，内部的张应力得到“释放”，使玻璃体爆炸，即玻璃绝缘子的自爆。另外，处于运行中的绝缘子玻璃件会受到的机械力和电场的综合作用，也会导致玻璃绝缘子自爆。

2. 自爆影响因素

（1）原材料因素。原材料主要影响玻璃液的化学均一性，包括原料的清洁（杂质）、称量、配比等。只有玻璃液在没有杂质、条纹等情况下，才能获得较好的钢化处理效果。杂质直径在 0.01mm 以下（与玻璃形成共融体）分布在压应力层内，这种钢化玻璃件基本上不会发生自爆。若杂质直径大于 0.01mm，又分布在张应力层，那么钢化玻璃件在生产、存放、运输和线路运行时会产生自爆，有时会延续多年后或遇到有外界突发冲击时，产生自爆。这也是玻璃绝缘子经长期运行后还存在零星自爆的原因。

（2）环境因素。钢化玻璃绝缘子表面虽然有比较好的自洁能力，但是内伞裙也避免不了积污的影响。当绝缘子下表面污秽达到一定程度，遇有大雨或浓雾等空气湿度较大时，绝缘子下表面局部可能出现放电现象，在电弧的作用下会使绝缘子局部受热不均匀发生自爆。

（3）机械荷载因素。国内早期生产的钢化玻璃绝缘子均采用高压鼓风机进行钢化冷却处理，所获得的钢化强度偏低，在长期运行时，对机械负荷有较大的敏感性，易使自爆率过高。

4 防治措施

4.1 严格把控绝缘子物资采购的技术要求

选择技术能力强、挂网应用量大、质量好的绝缘子厂家产品，并加强出厂监造等手段，进一步防范玻璃绝缘子因质量问题而产生自爆。

4.2 改进玻璃件的制造工艺，提高玻璃绝缘子制造质量

玻璃绝缘子玻璃件的制造有配料、玻璃熔制和冷热循环处理等多个环节。

因此，一要加强原料和配合料的管理，杜绝杂质或颗粒大的原料掺入，对玻璃熔窑和供料道要选择耐火度高的耐火材料，减少剥落情况；二要改进玻璃的熔制工艺选择合理的熔制温度。熔制过程中保持炉温稳定、炉压稳定、料面稳定等；三要严格按照工艺要求进行冷热环节处理。

4.3　加强运维巡检

线路运行初期应对钢化玻璃绝缘子开展针对性的巡视，并定期开展挂网绝缘子的盐密检测分析工作，发现自爆及时更换。

【8－4】耐张线夹压接质量不合格

1　异常基本情况

1.1　异常信息

2016 年 11 月，在对 750kV××线跨越城际铁路改建段耐张线夹进行 X 射线数字成像抽检时，发现部分耐张线夹压接质量不合格。

1.2　异常情况

对该线路改建段耐张线夹压接情况进行 X 射线检测，并对异常情况予以统计，异常情况主要有：铝线部位部分未压接到位、钢锚尾部凹槽处未压接完好、钢锚弯曲变形、不压区压接过多、钢芯预留超过标准长度。具体情况如下所述。

（1）109 号塔大号侧中相左侧耐张线夹，铝线压接区有 58mm 的距离未进行压接，如图 8－4－1 所示。

图 8－4－1　铝线压接区有 58mm 的距离未进行压接

（2）112 号塔小号侧中相右侧耐张线夹，钢锚尾部凹槽处未压接完好，出现空隙，如图 8－4－2 所示。

图 8－4－2　钢锚尾部凹槽处未压接完好，出现空隙

（3）115 号塔基小号侧中相右侧耐张线夹，钢锚出现一定程度的弯曲变形，

如图 8－4－3 所示。

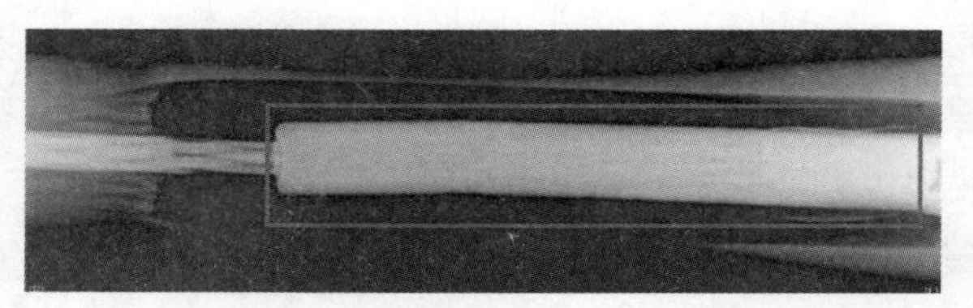

图 8－4－3　钢锚出现一定程度的弯曲变形

（4）60 号塔基小号侧右相右中子线耐张线夹，钢锚末端压接区压接过多，如图 8－4－4 所示。

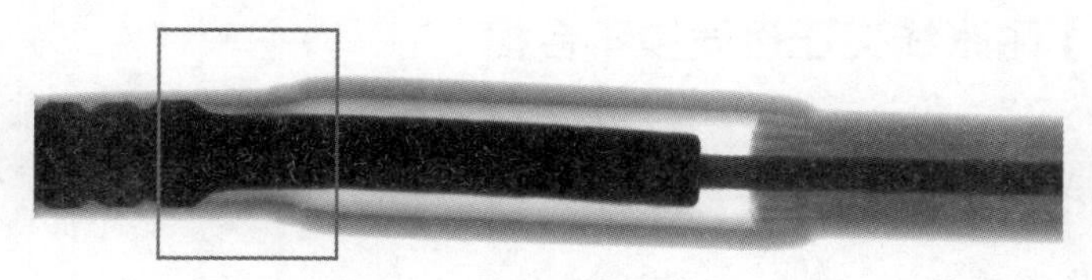

图 8－4－4　钢锚末端压接区压接过多

（5）65 号塔小号侧左相左下子线耐张线夹，钢芯插入深度不符合要求，如图 8－4－5 所示。

图 8－4－5　钢芯插入深度不符合要求

DL/T 5285—2018《输变电工程架空导线（800mm^2 以下）及地线液压压接工艺规程》中关于耐张线夹压接的要求是：连续管必须平直，弯曲度不得过大，不得有裂纹；钢压接管所需预留长度为 $L\times$（8%～10%）+5mm（其中 L 为钢压接管长度）；连续管两端不应有鼓包现象。由此可知上述 5 处耐张线夹压接工艺均不满足 DL/T 5285—2018 的要求。

2　原因分析

对于耐张线夹和接续管质量的传统检测只能进行外观检测与尺寸测量，即测量铝管钢锚凹槽对应处对边距和铝管压接铝股对边距，检测手段落后。近几年，特高压输电线路普遍采用高空压接，工程隐蔽性较强，造成施工过程中监理无法到位，未能严格监督施工人员遵守相关规程、遵照压接工艺要求进行施工压接，导致线路耐张线夹压接质量不合格。施工过程主要存在以下几方面问题：

（1）传统检测方法简单，不够直观；

（2）人员技能水平欠缺、质量意识淡薄，经验不足，不能严格按照压接标准要求进行施工，过程控制不严谨；

（3）施工方现场管理松散，质量考核制度不严，对因施工造成的质量问题处罚力度不足，把关不严。

3　处理措施

（1）对铝线部位部分未压接到位以及钢锚尾部凹槽处未压接完好出现空隙的异常线夹，对其该压未压区域进行补压，且补压时严格控制补压距离，防止过压至钢锚不压区域。必要时补压后进行二次 X 射线成像检测，以确认补压效果；

（2）在施工过程中，对钢锚有严重弯曲变形的线夹，应按照 DL/T 5285—2018《输变电工程架导线（800mm^2 以下）及地线液压压接工艺规程》要求进行校直处理。对于已制作完成的耐张线夹钢锚有严重弯曲变形时，应进行重新制作，并进行重做后 X 射线成像检测，以保证压接质量。

延伸阅读

1. X 射线检测原理

X 射线在穿透不同的物体时与物质发生相互作用，因吸收和散射而强度变化，感光材料（胶片、IP 板、DR 板）接收到该强度变化信号后，经信号处理形成我们常见的影像，X 射线数字成像原理如图 8-4-6 所示。通常，用于检测电线电缆的一套完整的检测系统包括：射线源、IP 板或 DR 板、CR 扫描仪（DR 不需要）、工作站（图像显示系统含图像处理分析软件）、X 光机现场移动支架等。

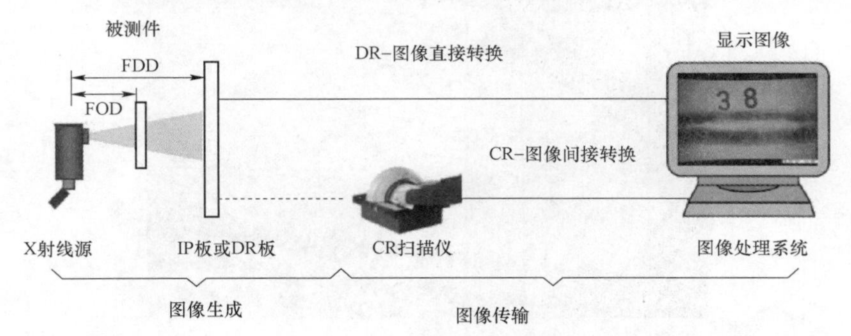

图 8-4-6　X 射线数字成像原理示意图

2. X 射线在电力系统中用途

GIS 设备：内部结构问题（如开关触头合闸不完全，螺钉松动问题，连接件断裂问题等），工艺问题（焊缝焊接熔合不完全），严重放电问题。

电缆：制作工艺问题，放电问题，评估因外力破坏损坏程度问题。

线夹：压接工艺问题，可解决常规检测手段难以直观判断设备健康状况及缺陷发生部位。

3. X 射线检测的优点

X 射线数字成像技术拥有检测效率高、灵敏度高、检测成本低、现场辐射小等优点，具有很强的灵活性和便携性，适合电网设备的检测特点。能够直观地检测出设备内部缺陷，并且能够完成带电设备在线检测，是一种非常实用的现代化无损检测手段。

【8-5】未按要求施工导致重锤脱落砸伤绝缘子

1 异常基本情况

1.1 异常信息

2010 年 2 月，某保线站站长接到义务护线员电话汇报：750kV××线 286 号铁塔瓷质绝缘子出现损坏，保线站立即安排人员前往现象勘查。

经检查落实，发现 286 号上相鼠笼跳线钢管封口堵头脱落；中相大号侧右绝缘子串第 1 片破损，如图 8-5-1 所示；下相大号侧右绝缘子串第 4、5、18、

图 8-5-1 中相绝缘子损伤

19、22、23、24、25 片，左绝缘子串第 10 片破损，如图 8－5－2 所示；地面有大量散落的重锤块，共计 16 块，经登塔检查，发现上相鼠笼式跳线钢管一段堵头脱落，内加装的重锤块，缺少了 16 块，与地面收集到的重锤块数量相同，如图 8－5－3 所示。

图 8－5－2　下相绝缘子损伤

图 8－5－3　地面散落的重锤块

1.2　异常段设计情况

该线路全线采用同塔双回路架设，设计气象条件为：覆冰 10mm、风速 30m/s，于 2009 年投入运行。出现异常塔位为耐张塔，每回导线均按上、中、下垂直排列。每相绝缘子采用水平双串布置，每串绝缘子串为 37 片 420kN 瓷质钟罩式绝缘子。设备情况如图 8－5－4 所示。

图 8-5-4　设备全貌图

2　原因分析

286 号塔处于农田地，附近无高大机械施工，无射击场，可以排除外力破坏导致绝缘子破损的情况；异常发生时节为 2 月，可以排除雷击原因。

根据现场检查结果，分析异常原因为：上相笼式跳线钢管的堵头穿心螺栓穿向穿反，由下向上穿入，且开口销子以小带大或开口不到位，在长期运行过程中，受持续大风影响，刚性笼式跳线摆动时间长、幅度大，用来固定笼式跳线钢管堵头穿心螺栓开口销疲劳脱落，导致穿心螺栓、堵头及内部重锤块脱落，砸伤了中相、下相的绝缘子。

3　处理措施

（1）将散落的重锤块，除锈、涂刷灰铅油后，重新安装到上相鼠笼跳线钢管内，重新安装钢管堵头、穿心螺栓，穿心螺栓由上向下穿入，加装合格、匹配的开口销，并开口到位。

（2）损坏绝缘子最多的下相大号侧右绝缘子串，整串中剩余的良好绝缘子仍有29片，满足Q/GDW 1799.2—2013《国家电网公司电力安全工作规程（线路部分）》中10.9.3条的规定要求，可暂时对损坏的绝缘子不进行更换，恢复送电。

（3）开展特殊巡视，重点检查全线所有耐张塔鼠笼跳线钢管堵头以及穿心螺栓的运行情况。

（4）结合年度停电检修，对损伤的绝缘子全部进行更换，并对对全线跳线钢管堵头穿心螺栓进行检查更换。

第9章　地　质　原　因

【9-1】冻胀融沉导致塔材受损

1　异常基本情况

1.1　异常信息

2017年1月20日，发现750kV××线601号塔C腿塔脚板处钢材断裂，B腿主材、斜材严重弯曲变形，如图9-1-1、图9-1-2所示。现场勘查发现塔位左侧山梁顶有积雪，塔位所处山梁地下水丰富，山体有向坡脚滑移的痕迹，

图9-1-1　C腿塔脚板断裂

图9-1-2　B腿塔材弯曲

线路左侧距基础50m处有1处长10m、宽10～15cm裂缝，线路小号侧距基础40m有1处长6m、宽3～5cm地面裂缝如图9-1-3所示。现场测量发现基础立柱不均匀沉降，铁塔整体向横线路方向右侧位移200mm，塔位整体异常情况见表9-1-1。

图9-1-3 地面裂缝

表9-1-1 塔位异常情况

位置	铁塔	基础
A腿	第7段主材弯曲变形	旁边0.5m深有汇水坑，保护帽裂缝
B腿	第7段主材及塔腿主材弯曲变形	基础有细裂缝，柱顶微小位移
C腿	第7段主材弯曲变形，塔腿主材断裂	基础下沉，柱顶向外侧位移
D腿	第7段主材弯曲变形	基础下沉，柱顶向外侧位移
腿部隔面	3根水平斜材严重弯曲变形	
塔身	CD侧第8段2根斜材严重弯曲变形；AB侧塔腿1根辅材弯曲变形	
塔头	塔头逆时针扭转12′	
根开测量（m）	AB=10.58；BC=10.91；CD=10.93；DA=11.50。根开变化最大值为0.92m	
柱顶高差（m）	A=1.943；B=1.868；C=1.023；D=0.938。沉降最大高差0.143m	

1.2 异常设备设计情况

601号塔海拔3847m，位于坡度10°－15°山梁斜坡上，塔型为ZB451，塔高50m，塔质量43.6t，铁塔单线图如图9-1-4所示；小号侧档距414m，大号侧档距435m，601号所在耐张段代表档距465m；设计风速27m/s，覆冰15mm，基础采用掏挖基础，C20 混凝土，埋深 7.7m。设计根开 12.495m，设计基础顶面高差 A：0.4m，B：1.4m，C：－0.6m，D：－1.6m。

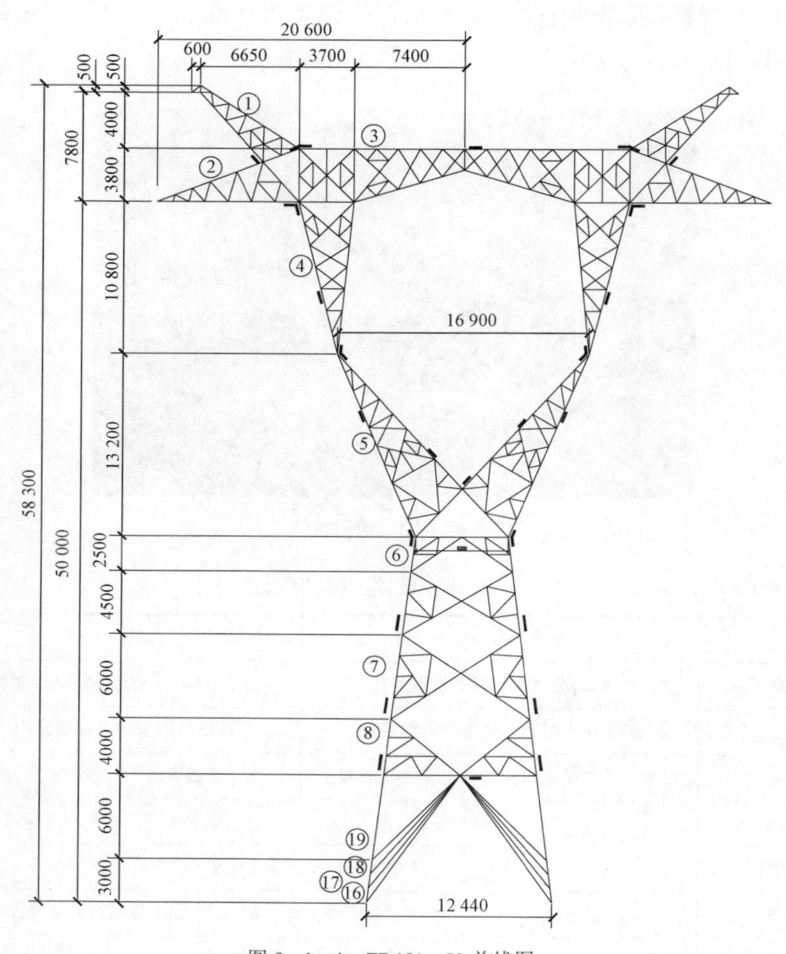

图 9－1－4 ZB451－50 单线图

2 原因分析

一是 601 号塔地处季节性冻土层上，冻土每年的冻融循环影响了基础的稳定性，天长日久导致基础立柱不均匀沉降；二是天气转暖后山梁上的积雪融化后顺坡而下流经铁塔周边，加之山梁丰富的地下水，造成该区域内土壤含水量高、土质松散，整体向坡脚滑移，在山体滑移推动力的作用下，基础立柱不均匀位移，破坏了铁塔的基础稳定，导致 C 腿塔脚板处钢材断裂、B 腿主材严重弯曲变形。

3　治理措施

3.1　临时处理措施

（1）将铁塔 C 腿断裂主材焊接补强，如图 9－1－5 所示。

图 9－1－5　焊接断裂主材

（2）在 B 腿组立抱杆托撑主材，分解部分荷载，防止 B 腿主材弯曲、变形，如图 9－1－6 所示。

图 9－1－6　B 腿抱杆支撑图

（3）用圆木绑扎的方式加固塔腿第一段主材、辅材，减轻构件受力，如图 9－1－7 所示，水平加固方式如图 9－1－8 所示。

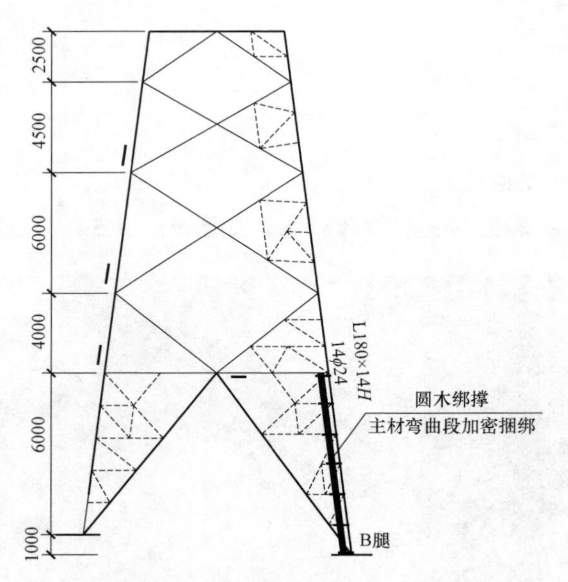

图 9-1-7　B 腿主材加固方式

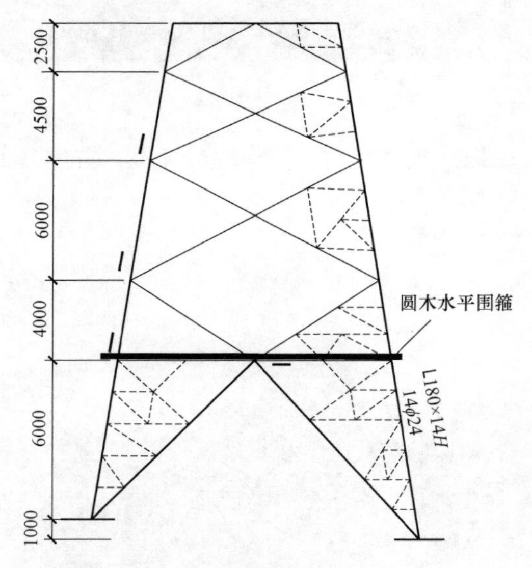

图 9-1-8　水平加固方式

（4）为防止风荷载对铁塔的影响，在铁塔瓶口位置设置 4 根临时保护拉线，拉线对地夹角不大于 30°，拉线设置方式如图 9-1-9 所示。

（5）为防止四个基础立柱不同步位移，利用塔脚板施工孔，用 ϕ13 钢丝绳将四个塔腿连接成一体，加强基础整体稳定性，塔脚拉线设置方式如图 9-1-10 所示。

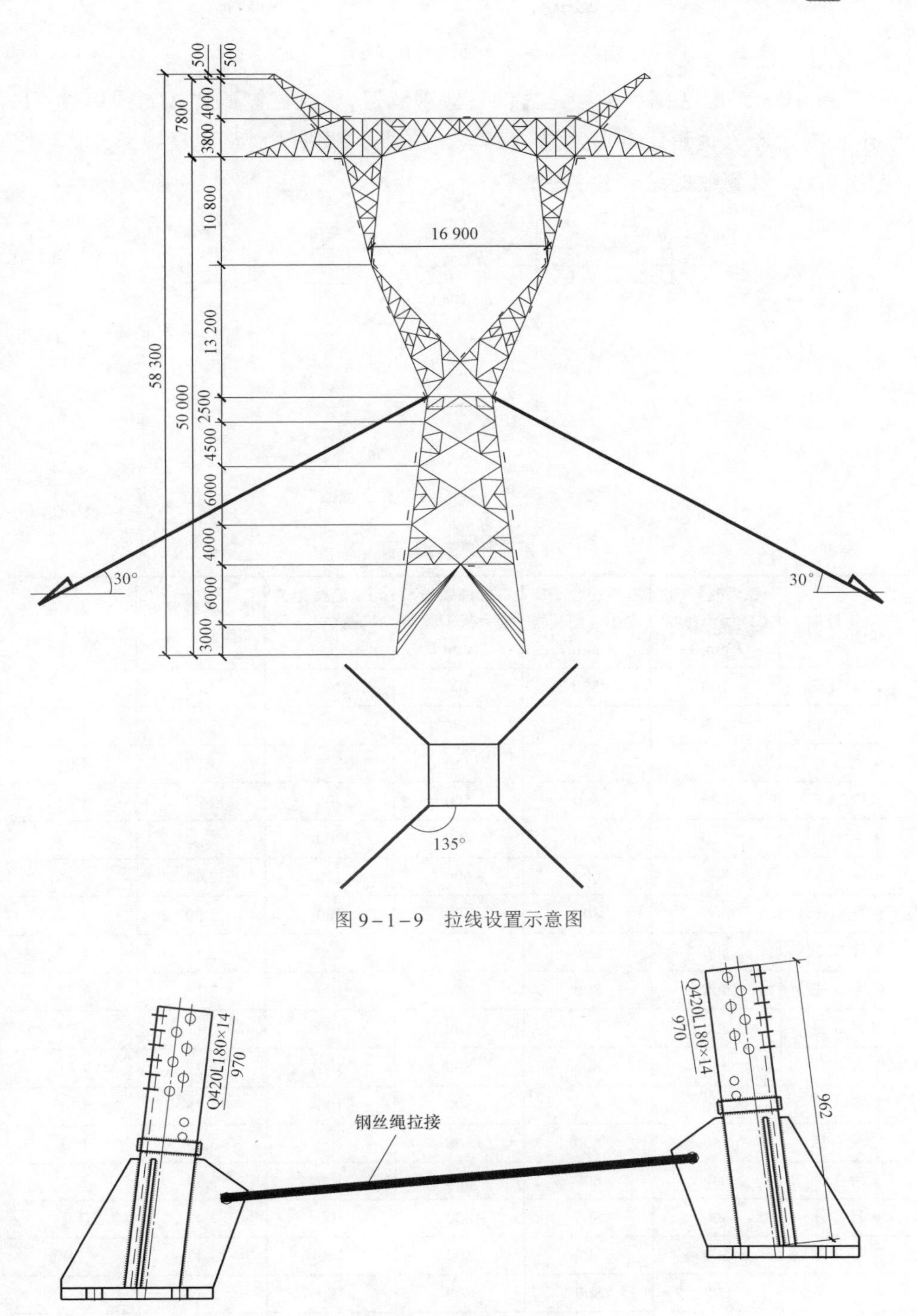

图 9-1-9　拉线设置示意图

图 9-1-10　塔脚拉线示意图

3.2 运维措施

在601号塔顺线路和横线路方向设置观测桩，观测桩设置方式如图9－1－11所示。指定专人负责定期监测基础高差、位移及铁塔倾斜，观察线路周边环境变化情况，监测数据见表9－1－2。

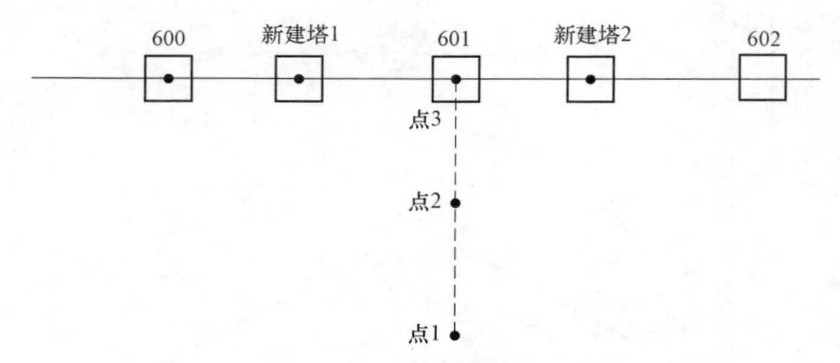

图9－1－11 观测桩设置示意图

表9－1－2 监测数据表

观测日期	铁塔整体向CD面侧位移（mm）	左相绝缘子串向小号侧倾斜（mm）	右相绝缘子串向大号侧倾斜（mm）	塔头右横担头比左横担头约高（mm）	杆塔横线路方向倾斜（‰）	杆塔顺线路方向倾斜（‰）
1月21日	200	300	300	200	1.87	0.91
1月31日	200	350	350	200	1.87	1.01
4月5日	200	350	350	200	1.87	1.01
5月24日	200	500	500	200	1.87	1.01
6月6日	250	600	600	200	2.1	1.13
6月14日	300	600	600	260	2.43	1.36
6月21日	400	800	800	200	2.89	1.50
6月26日	500	800	800	100	3.11	1.77
6月29日	500	800	800	100	3.11	1.77
7月3日	500	800	800	100	3.11	1.77
7月4日	550	800	800	100	3.25	1.81
7月5日	550	800	800	100	3.25	1.81
7月6日	550	800	800	100	3.25	1.81
7月7日	600	800	800	100	3.47	1.9
7月8日	600	800	800	100	3.47	1.9
7月9日	600	800	800	100	3.47	1.9
7月10日	600	800	800	100	3.47	1.9
7月11日	650	800	800	100	3.47	1.9

3.3　永久处理措施

为避开线路基础冻融滑塌区，拆除 601 号杆塔，在 601 号两侧地质条件较好地段新立两基铁塔，同时加高原有 600 号塔，具体改造情况如图 9－1－12 所示。新组立的 601－1 号、601+1 号均在原线路走径上，601－1 号位于山梁斜坡上，地表覆盖层约 3m；601+1 号位于缓坡平台上，地表覆盖层约 13.6m，新塔位覆盖层岩性主要为粉土、角砾，避开了冻融蠕变区。改造铁塔基础采用掏挖基础，基础埋深约 15m。

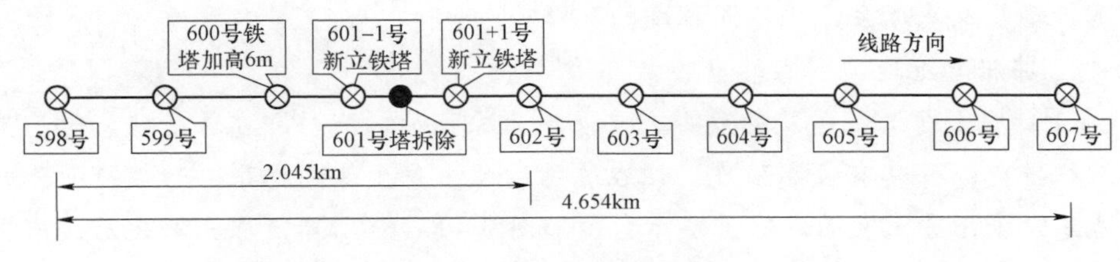

图 9－1－12　601 号改造示意图

4　防范措施

（1）线路设计时，处于季节性冻土区的塔位宜选在干燥较平缓的高阶地上，或地下水位低、冻胀性较小的场地上。尽量避开地下水发育地段，如地面有水流、地形低、易积水处，对于无法避开冻胀融沉区域的铁塔，基础周围需设置热棒。

（2）基础宜深埋于季节影响层以下的永冻土或不冻胀土层上。

（3）处于季节性冻土区的铁塔，应采用桩基或砂垫层等措施，尽量减少冻胀融沉后的不均匀变形。

（4）水是影响季节性冻土区铁塔基础稳定的重要因素。在施工和运行期间，铁塔周边应做好散水、排水、截水设施，以排走地表水和潜水流，防止雨水、地表水侵入地基，避免基础堵水而造成冻胀。

（5）对冬期开挖的工程，要随挖、随砌，及时回填，并做好防冻措施。

延伸阅读

1. 冻胀融沉地质灾害的产生及原理

冻胀是指由于土的冻结作用而造成的体积膨胀现象，这是季节性冻土区常常遇见的病害。冻胀可分为原位冻胀和分凝冻胀两类，原位冻胀是指冻结锋面前进过程和已冻土继续降温过程中，正冻土中的孔隙水或已冻土中的未冻水原位冻结，造成体积增加9%；而当土体冻结以后，由于土颗粒表面能的作用，土中始终存在未冻结的薄膜水。在温度梯度的诱导下，薄膜水会从温度高处向温度低处迁移，正是由于水的抽吸作用使水分集聚在前进的冻结锋面后方并冻结，分凝成冰透镜体，这一过程称为分凝冻胀，分凝冻胀过程造成体积增大1.09倍。冻胀本身不仅引起基床破坏，还可引起桥梁、涵洞基础的冻害。

融沉是指冻土融化时，冰晶和冰膜融化成水，土层在重力和上覆荷载的作用下，路基及基床会产生不同程度的沉降。

2. 冻胀融沉地质灾害的危害

（1）冻土对工程建筑的危害主要表现为冻胀和融沉。即在冻结状态时，虽然压缩性变小并具有较高强度，但在冻结过程中产生体积膨胀，形成地面隆起和地基鼓胀，冻土表面及冻土层示意图如图9-1-13所示。冻土融化后，岩土中冰屑的骨架支撑作用消失，导致体积缩小，地基承载力降低，压缩性增大，岩土体下沉陷落。冻土作为建筑工程地基时，因冻胀融沉的反复活动，可使房屋、桥梁、线路杆塔等基础设施沉陷、开裂、倾倒，铁路、公路、杆塔地基凹凸不平，甚至局部陷落，威胁运行安全。

图9-1-13　冻土表面及冻土层示意图

（2）在天然状态下，多年冻土上限埋深基本保持稳定，即与天然地表保持平行。在冻土上限以下一定深度范围内分布有地下冰或高含冰量冻土。当输电线路塔基基础埋入冻土层后，由于混凝土基础良好的导热性能，其将会向周围及底部的冻土地基输入大量的热量，进而引起周围及底部冻土的退化。当基础底部冻土地基融化后，该部分土体在上部荷载作用下发生融沉，进而引起基础的融沉，基础融沉过程如图 9－1－14 所示。

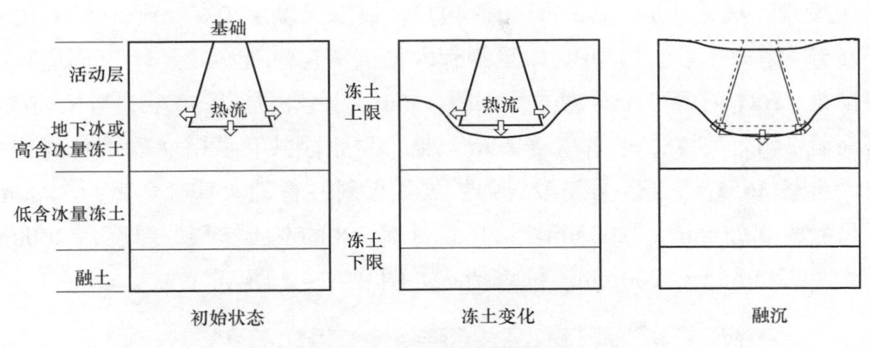

图 9－1－14　基础融沉过程

【9－2】砂土液化导致塔材变形

1　异常基本情况

1.1　异常信息

2016 年 10 月 11 日，运维人员巡视时发现 750kV××线 285 号塔三相导线绝缘子、地线金具均向小号侧倾斜，其中地线绝缘子倾斜超过 30°，如图 9－2－1 所示。

图 9－2－1　地线金具向小号侧倾斜

1.2 异常段设计情况

该段设计风速 40m/s，最高温度 40℃，最低温度 -30℃，设计冰厚 10mm。

285 号塔处于沙土区，B、C 腿侧有大量芦苇，基础防沉土有下沉现象。285 号塔型为 ZB2，呼高 51m，大号侧档距 446m，小号侧档距 507m，与相邻的 284 号塔高差 24m，与 286 号塔高差 2.9m。整个耐张段共有铁塔 9 基，为 281～289 号塔，全长 3655m。285 号塔设计为扩展柔板斜柱基础，基础全高为 3800mm，底板尺寸为 3200mm × 3200mm。该塔设计有 2:8 的灰土垫层，厚度为 2000mm，长 × 宽为 5200mm × 5200mm。杆塔情况如图 9-2-2 所示。

图 9-2-2 BC 腿连接点材变形

1.3 异常现场勘查

285 号塔 B 腿沉降 348mm，C 腿 284mm，整基杆塔呈现出 A、D 腿较高，B、C 腿较低的现象，铁塔整体顺线路向大号侧倾斜 1250mm，横线路向左侧倾斜 120mm，铁塔倾斜率 2.46%，远超《架空输电线路运行规程》（DL/T 741—2010）要求的 0.5%，其中 C 腿主材在塔腿第一水平材位置（塔基以上约 10m 位置）已发生明显弯曲，两根辅材严重变形，威胁线路安全。285 号塔相关测量数据如表 9-2-1、表 9-2-2 所示，对临近杆塔影响示意图如图 9-2-3 所示。

表 9-2-1 基 础 高 差

塔腿	A	B	C	D
285 号	0	-348mm	-284mm	-14mm

表 9－2－2 横 担 倾 斜

位置	左横担	右横担	正面
285 号	顺线路向大号侧 倾斜 530mm	顺线路向大号侧 倾斜 1250mm	横线路向左侧 倾斜 120mm

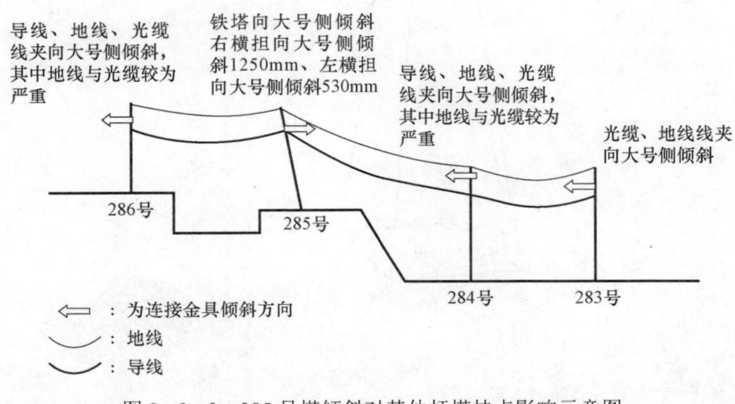

图 9－2－3 285 号塔倾斜对其他杆塔挂点影响示意图

2 原因分析

2015 年 9 月，285 号铁塔所处地区发生 3.4 级地震，震后发现该塔右侧 60 米处，地表有明显裂纹，长度超过 30m、宽度 50mm、深度超过 2.2m，地震引起砂土液化，破坏了基础周边土壤的稳固性，导致基础不均匀下沉，造成塔腿主材弯曲变形。临时拉线位置、抱杆位置示意图分别见图 9－2－4、图 9－2－5。

3 治处理措施

3.1 临时治理措施

为避免基础持续沉降造成倒塔事故，经校核并制订临时性的补强措施，在杆塔小号侧设置临时拉线 6 根，杆塔右侧设置临时拉线 2 根，B、C 腿设置人字形抱杆 2 组。

为减少 B、C 腿抱杆安装过程中承受额外压力，采取 A、D 腿为主吊点，进行 B、C 腿抱杆安装；并在拉线安装顺序上进行优化，先对小号侧 AD 面铁塔瓶口处 1～4 号拉线安装，然后进行 2 组抱杆安装固定，其次进行铁塔 CD 侧面 5、6 号拉线安装，后在 AD 面左右导线横担处安装 7、8 号拉线；为保证电气安全距离按照设计院要求在导线横担与拉线之间各安装了 3 支 750 复合绝缘

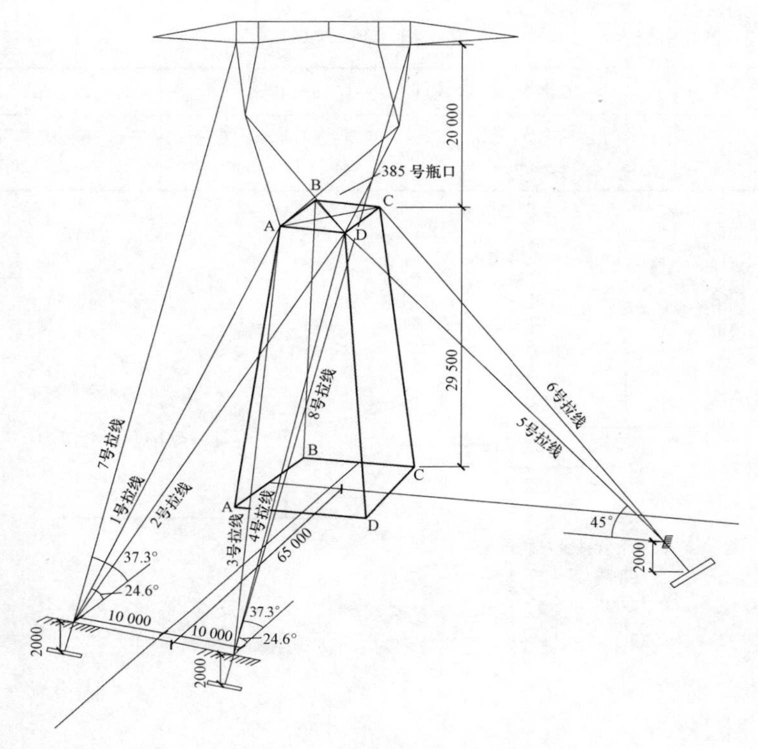

图 9-2-4 临时拉线位置示意图

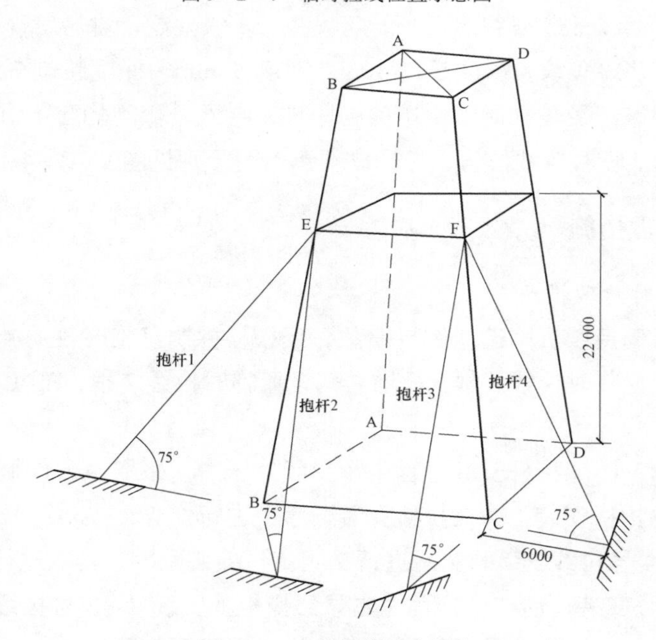

图 9-2-5 抱杆位置示意图

子串，长度为 22m，安装后现场技术人员检测拉线与复合绝缘子连接位置距离导线距离为 14m。为减少抱杆对 B、C 腿倾覆压力，并对人字抱杆加装反向拉线。

抢修后，对该塔各项数据进行复核，数据无明显变化，维持在相对稳定状态，无继续恶化态势，线路安全稳定运行。

3.2 永久治理措施

在 285 号塔大号侧 59m 处新建一基铁塔，并将原塔拆除，新塔采用灌注桩基础，如图 9-2-6 所示。

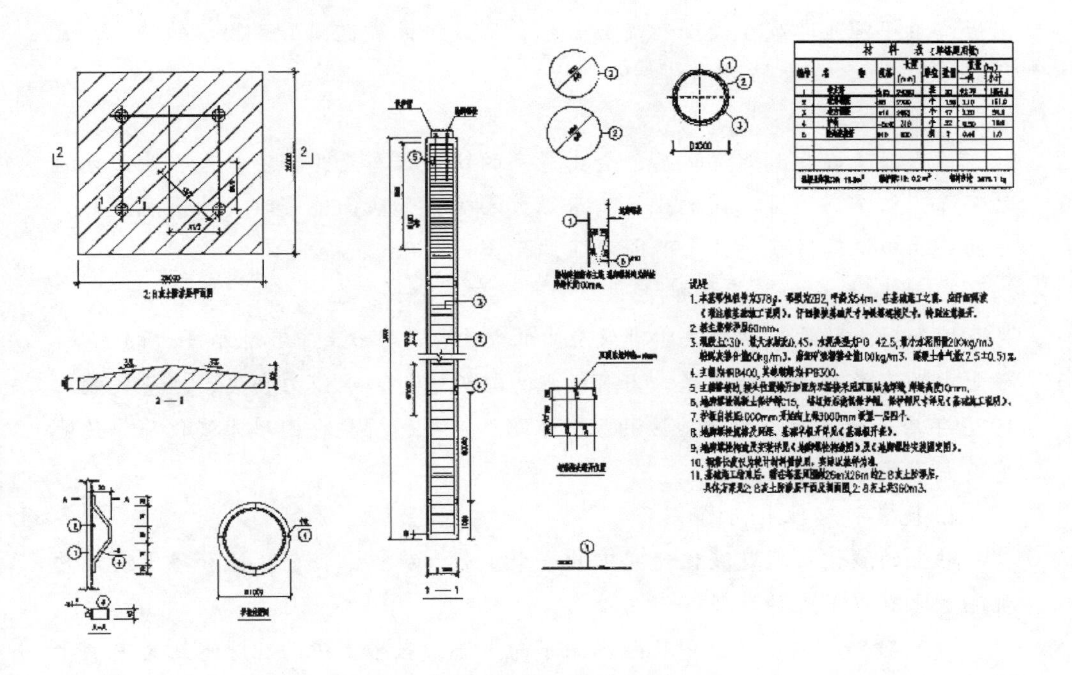

图 9-2-6 灌注桩基础

延伸阅读

在动荷载如地震的作用下，饱和非黏性土受到强烈震动，抗剪强度丧失，整个土体处于悬浮状态，这种现象被称为砂土液化。砂土液化是一种破坏性非常强并具有一定区域的地质灾害。许多震害经验表明，液化是造成场地地震破坏的首要原因之一，地震引起的地基失效约 50%都起因于液化。因此，砂土液化机理的研究及液化可能性的判定对建筑场地的选择、城市规划以及液化区建筑物保护措施的选择具有非常重要的意义。

饱和砂土地震液化存在的危害：地震发生时，饱和砂土受到震动的影响发生液化，导致土体状态改变，从而引起许多次生的危害，主要包括以下四个方面。

1. 地表下陷

地震时，砂土中的有效应力减小，孔隙水压力急剧增加，当上覆土层厚度不大或砂土直接出露地面时，会有喷水冒砂现象发生，地下砂层被掏空，形成空穴，在上覆土体的压力作用下，地表塌陷。在我国唐山和海城两次大地震中，附近滨海平原上都发生大面积喷砂冒水，形成了许多椭圆形、圆形的陷坑，直径最小的 3m，最大的达 8m。

2. 地面沉降

饱和砂土在受到震动之后，会由原来的松散状态变为密实状态，地面也随之下降，给滨海地区人民的生活带来很大影响，如唐山地震时，地震烈度为 8 度的天津市汉沽区某村庄大范围下沉，沉降量 150m。

3. 地基土丧失承载力

饱和砂土的承载力取决于有效应力的大小，随着砂土中孔隙水压力的上升，砂土中的有效应力不断下降，当有效应力接近零时，承载力丧失，地基失效。1976 年唐山地震时，附近地区的很多道路、房屋、桥梁也因砂土液化，导致地基丧失承载力而遭破坏。

4. 地震引起砂土液化

砂土的液化机理是液化研究中的一个重点和难点，目前，饱和砂土液化的机理主要有以下几种类型：

（1）砂沸：饱和砂土中孔隙水从下向上流，当砂土中的孔隙水压力不小于上覆土体向下的有效压力时，颗粒间摩擦阻力丧失，砂土由原来的固体变为流体，饱和砂土会发生上浮或沸腾现象，并且全部丧失承载力。在土力学中常把它列入“渗透稳定”问题的范围。

（2）流滑：饱和砂土在单程剪切作用下，发生体积压缩，由于孔隙水在短时间内无法排除，孔隙水压力不断增大，根据有效应力原理，土粒间有效应力会不断减小，当有效应力接近零时，土体发生流动变形。流滑发生后土体仍存在一定的残余抗剪强度。在各种液化形式中，流滑危害最为严重。

（3）循环活动性：中密、密实的饱和砂土在循环剪切作用下，孔隙水压力时降时升，土体剪缩和剪胀交替出现，从而形成有限制的流动变形。对于松砂，无剪胀现象发生，则循环活动性不会出现。

地震砂土振动液化过程如图 9–2–7 所示，通过过程图可浅显地说明砂土液化的过程。图 9–2–7（a）中小圆球代表砂土颗粒，短横线代表孔隙中水，圆筒代表土体处于完全侧限状态，在圆筒顶部施加周期力，模拟地震时水平方向的动剪应力。图 9–2–7（b）是指砂土在受到地震作用后，土骨架由松变密，孔隙水在振动过程中短时间内无法排出，导致孔隙水压力上升，颗粒间有效应力会减小，当有效应力为零时，颗粒间相互脱离，处于悬浮状态，即发生液化。液化首先发生在砂层内部，砂土由原来的砂水复合体系变成悬浮液，其内部水压力很高时，会引起地下水自下而上的渗流。当渗流水力梯度超过临界水力梯度时，则会出现上覆未液化土。

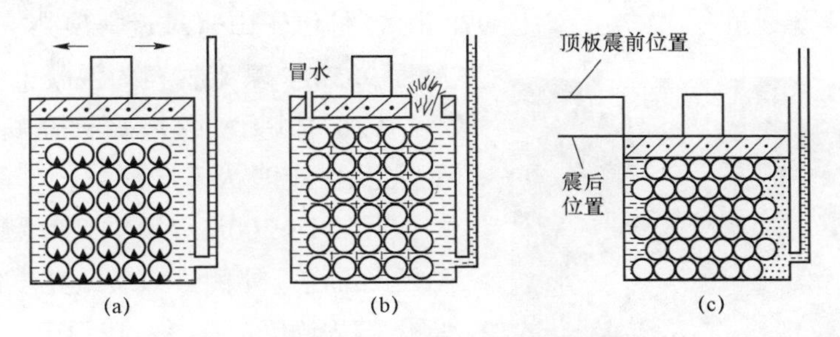

图 9–2–7　地震砂土振动液化过程示意图

（a）疏松；（b）悬浮；（c）密实

【9–3】地震导致塔材出现断裂

1　异常基本情况

1.1　异常信息

2013 年 3 月 17 日，运维人员在对 750kV××线巡视发现 520 号塔 A 腿塔脚板有明显断裂异常情况。

1.2　异常段设计情况

520 号塔地处山体陡峭地势险要的甘沟段，520 号塔为 JG135S 型耐张塔，呼称高 40m，塔高 58m，全塔净重 55 332.4kg，转角度数 10° 4′ 右转（吐鲁番方向为大号侧），大小号侧 519 号、521 号塔均为 ZB135S 直线塔，519～520 号塔、520～521 号塔档距分别为 470m、447m。该耐张段所用导线为 LGJ－400/50，子导线呈六分裂布置。地线为 JLB20A－100，分段绝缘，单点接地。光缆为 OPGW－2S2/18（光纤复合架空地线），采用逐塔接地方式。直线塔采用双 I 串复合绝缘子，耐张绝缘子为双串瓷质绝缘子。

1.3 运行工况

该塔基场地位于坡脊顶部附近。坡度为 40°～70°，场地地基土为砂岩。场地位于Ⅵ度地震烈度区，在 2013 年 2 月地震中山体局部遭受破坏，造成坡体前缘溜滑变形。同时场地内发育多条由地震造成的细小裂缝，主要位于塔基附近，宽为 3～6cm，可见深度为 13cm，对塔基的 A 腿有一定的影响。塔基由 A、B、C、D 四根桩组成岩石锚杆基础，其中 A 桩位于山脊斜面，桩长 12.7m，高程 980m；B 桩位于山脊后侧，桩长 12.2m，高程 985m；C 桩位于脊顶中央山包底部地面较平坦，桩长 12.7m，高程 978m；D 桩位于山脊靠近脊顶处桩长 12.7m，高程 985m。基础材料为混凝土（C20）。

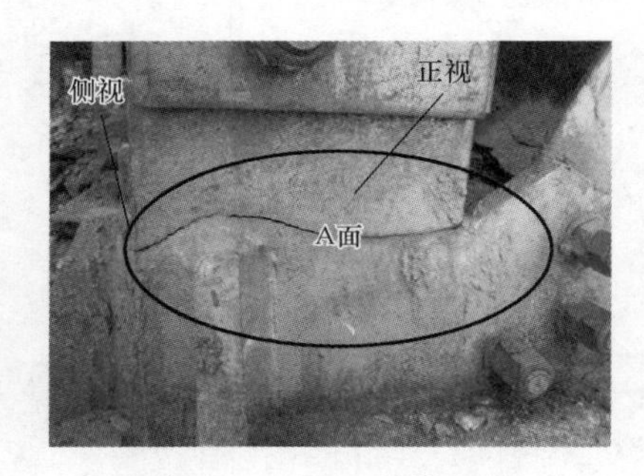

图 9－3－1 520 号塔 A 腿

520 号塔 A 腿塔脚板在斜材连接板上方发生波浪状横向断裂，该基塔脚板钢材采用 24×200mm 角钢，A 腿 L 型塔脚板全部断裂，外侧最大裂缝宽度约 1.2mm。具体情况如图 9－3－1 所示。桩基础形式见表 9－3－1。桩基础两两间高差见表 9－3－2。

表 9－3－1 **桩基基础形式**

桩号	桩径（m）	桩长（m）	埋深（m）	露高（m）
A	1.6	14.2	14.2	0
B	1.6	13.7	13.7	0
C	1.6	14.2	14.2	0
D	1.6	14.2	14.2	0

表 9－3－2 **桩基基础高差**

桩号	A-B	B-C	C-D	D-A
高差（m）	5	7	7	5

2　原因分析

2013 年 2 月该区域发生 4.2 级地震，破坏了该区域基土的稳定，引起了该区域的斜坡表层出现局部剥皮、滑坡，外部地形的变化，改变了 A 桩塔脚板受力方向，破坏了塔脚板内部稳定性，引起板材断裂情况。

3　处理措施

3.1　临时治理措施

（1）砂轮机在塔脚主柱断裂处角钢内侧开 45° 坡口，用气体保护焊将断裂缝焊接。

（2）里侧焊接完成后，拆掉外侧加固板，同样方法在外侧断裂处开坡口，清根、焊接，平焊或焊后磨平，焊接后做超声波探伤保证焊接质量。

（3）在主桩外侧两面各加一块 Q420－20 补强板，连接螺栓 8 个，上部 4 个螺栓与主材接头连接，下部 4 个螺栓与塔脚斜材连接。正面、侧面补强板安装示意图如图 9－3－2 所示。

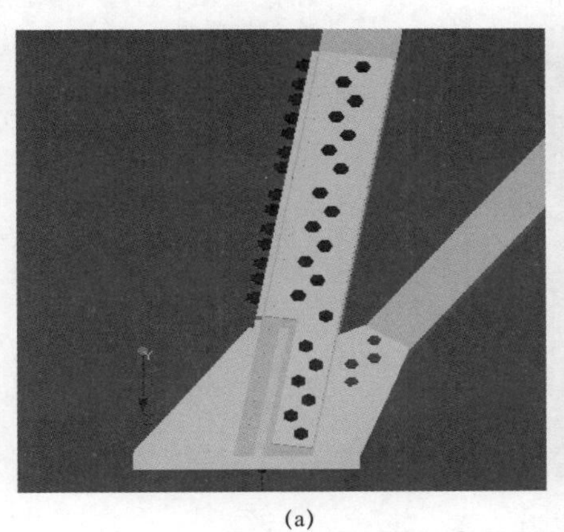

(a)

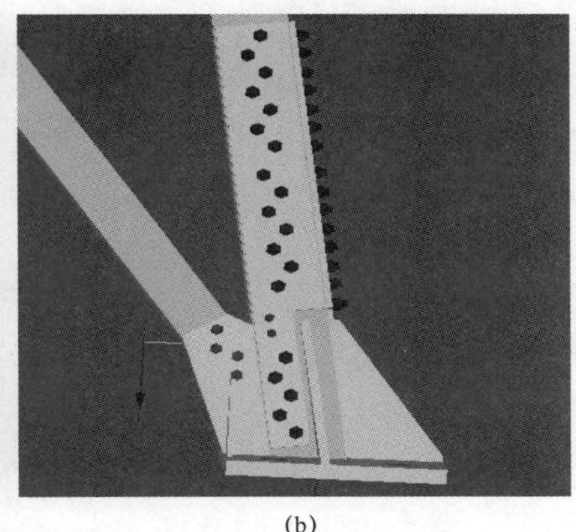

(b)

图 9－3－2　正面、侧面补强板安装示意图
（a）正面图；（b）侧面图

（4）后在断裂处电钻打孔，正面断裂处加 1 个孔，下面加 6 个孔，侧面断裂处加 5 个孔，将原地脚与塔腿主材连接的内背铁和外筋板加长，增加螺栓紧固，喷漆防腐。塔脚板内侧钢板补强焊接、塔脚板断裂处理后效果如图 9－3－3 所示。

通过对施工前后各项数据进行复核，未发生明显变化，维持在相对稳定状态，无继续恶化态势，线路安全稳定运行。

图 9－3－3　塔脚板内侧钢板补强焊接、塔脚板断裂处理后效果

3.2　永久治理措施

拆除 520 号杆塔，在 520 号前后侧地质条件较好地段新立一基铁塔，后经设计校核新组立的铁塔位于 520 小号侧 56m 的山梁斜坡上，新塔位避开了地表变形区。改造铁塔基础采用岩石锚杆基础，基础埋深约 7.85m。塔型为 JG135S，塔高由原来的 58m 变化为 50m，新塔位基础采用岩石锚杆基础如图 9－3－4 所示。

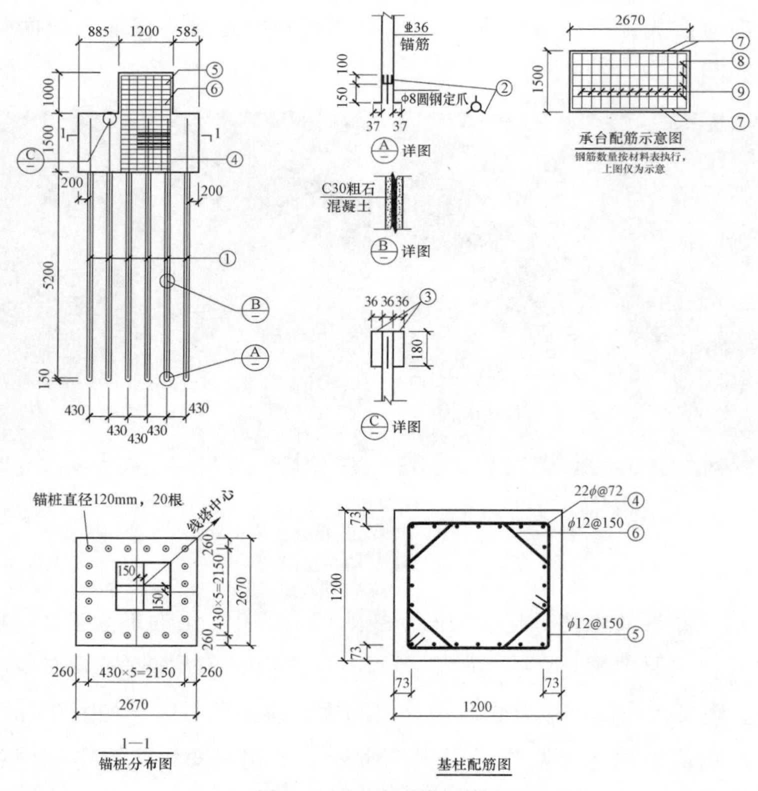

图 9－3－4　岩石锚杆基础

1. 地震地质灾害类型的调查

通过对地震灾区输电线路的损毁情况进行调查，发现输电线路的损毁主要是由：① 因地震断层地表破裂、地面变形引发的震害；② 不均匀沉降引起的震害；③ 次生地质灾害；④ 输电塔结构抗震设计不足所引发的震害；⑤ 因地震反应过大，导线相互接近发生短路、断线以及绝缘子的震坏；⑥ 由相邻塔位的震害引起的破坏等六个方面的因素引起的。前面三个因素是主要的地震地质灾害类型，是输电线路地质勘测的重点。

2. 不均匀沉降引起的震害

基础发生不均匀沉降或倾斜，导致铁塔构件变形。此类震害也比较普遍。软土地基地震时的主要问题是产生附加沉降，而且这种沉降常是不均匀的。地震时，地基的应力增加，土的强度下降，地基土被剪切破坏，土体向两侧挤出，致使基础沉降、倾斜，从而导致铁塔构件变形。

3. 次生地质灾害

地震引起的次生地质灾害是山区输电线路损毁的主要原因。当强烈地震发生时，往往会产生地震次生地质灾害，并引发山崩地裂、滑坡、泥石流及喷砂冒水等现象。

4. 滑坡

灾区的滑坡主要类型分为：硬岩类滑坡、软岩类滑坡及松散堆积物滑坡等。

（1）硬岩类滑坡。本次地震发生的大滑坡以新发生的为主，尤其以硬岩类滑坡居多，如“青川东河口滑坡”为花岗岩、灰岩等硬岩高位抛射型滑坡（滑面接近水平）、顺层（结构面）滑坡。

（2）软岩类滑坡。斜坡表层大面积溜滑、剥皮。

（3）松散堆积物滑坡。为古滑坡复活、斜坡浅表层松散物质滑坡。

5. 崩塌

崩塌主要发生于由硬性基岩组成的高陡斜坡，正是由于地震灾区山高谷深、地形陡峭、河流对坡脚的侧蚀作用以及修建公路等人类活动产生的临空面，为地震引发大量的崩塌提供了有利条件，造成崩塌和倒石堆发育甚至成群出现，导致交通及输电线路严重中断。

6. 泥石流

灾区的泥石流多为地震次生地质灾害产物，由于大量的风化碎屑物堆积于斜坡，以及发育的滑坡及崩塌堆积体残存于沟谷、河流，在集中降水或沟谷阻塞等条件下，多形成沟谷性泥石流。

【9-4】山体滑坡造成基础倾斜塔材弯曲变形

1 异常基本信息

1.1 异常信息

2017 年 12 月 14 日，发现 750kV××Ⅰ线 395 号塔 C、D 腿基础出现不同程度倾斜，其中 D 腿基础顶部向线路右位移约 15cm，如图 9-4-1 所示；多根塔材出现不同程度的弯曲变形，塔脚一根水平辅材眼孔拉裂，如图 9-4-2 所示。

图 9-4-1 D 腿基础向右侧位移

图 9-4-2 辅材眼孔拉裂

经现场实测，该塔中心桩及各塔腿均向塔基右前方发生了位移，中心桩的位移量为 91.92cm，基础位移量分别为 A：90.96cm，B：84.64cm，C：92.29cm，D：101.35cm，塔基位移示意图如图 9-4-3 所示，红色为设计坐标，蓝色为实测坐标。

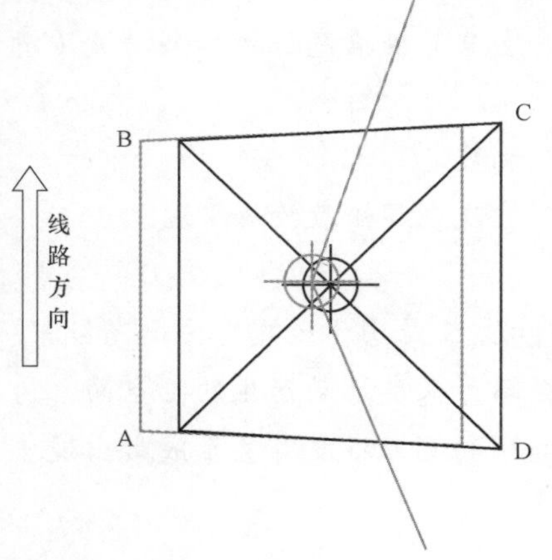

图 9-4-3 塔基位移示意图

1.2 异常设备设计情况

395 号塔为耐张塔，塔型 JG 29152，右转 21°18′，小号侧档距 711m，大号侧档距 937m，铁塔呼高 46m，全高 65.5m，全塔单线图如图 9-4-4 所示。该塔位于弱腐蚀地区，基础型式为掏挖基础，混凝土强度为 C30，埋深 13.8m。

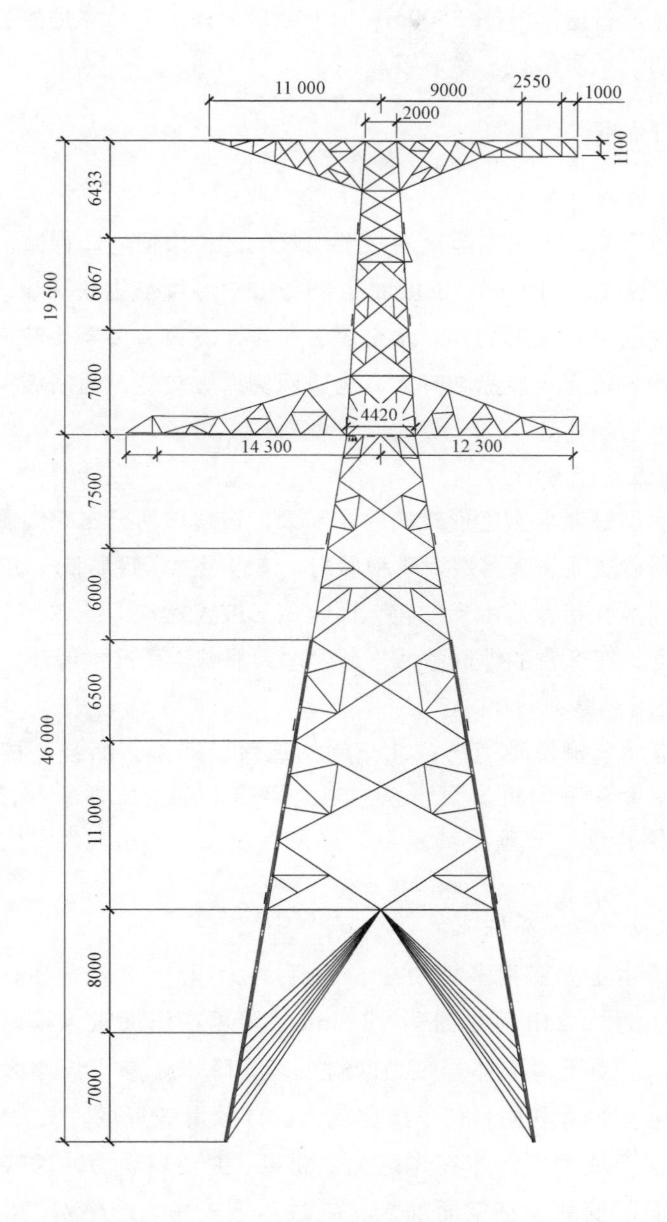
11 000
9000
2550
1000
2000
1100
6433
6067
19 500
7000
4420
14 300
12 300
7500
6000
6500
46 000
11 000
8000
7000

图 9-4-4　全塔单线图

1.3 运行工况

395 塔靠近省道，海拔 3500m，地形全部为高山，总体地势起伏较大，沟壑发育且深切，地质偏软，易滑坡。

2 原因分析

2.1 地形地貌分析

该滑坡位于黄河上游左岸高海拔低山丘陵区，山顶岩体裸露，表层风化强烈，强风化厚度 5.0～10.0m，山坡坡度 35°～55°，植被生长稀疏，覆盖率 30%左右，由于该区流水侵蚀切割、水土流失严重，发育有多条季节性冲沟，沟谷大多深切，沟谷短而沟底纵坡降大，沟道两侧岸坡较陡，为滑坡灾害的发育提供了有利的地形条件。

2.2 地层岩性分析

岩土体类型是滑坡灾害形成的内在因素，该滑坡所分布范围露出的地层岩性为新近系粉砂质泥岩夹薄层泥质粉砂岩，该岩组力学性质低，表层风化强烈，呈全风化—强风化状，遇水易软化、泥化，形成天然软弱结构面，降低了接触面的抗剪强度，在适宜的地形条件，顺泥岩软弱结构面产生滑动。

2.3 地质构造分析

395 号塔北东侧发育有一条北东向构造带，即军工断裂。控制了第三系盆地的展布，断裂带附近发育一系列与之平行的小型压性断裂，具迭瓦式特征，断裂两侧片理、节理极其发育，波及宽度 2～7km，为滑坡发育的内动力因素。

2.4 水动力条件分析

该地区降水主要暴雨多集中在 6～9 月，尤以 7～8 月最多，年平均降雨量 467.6mm，最大 24h 降水量为 53.6mm，降雨在汛期常以暴雨和阵雨形式出现，强度大。由于滑坡体岩性力学性质差，降水入渗不仅增大了松散岩土体容重，又能浸润滑动面，减小抗剪阻力，导致滑坡形成，发生滑动。另外，集中降水汇聚而成地表洪水在本区尤显重要，主要表现为冲蚀或掏空斜坡坡脚，使斜坡前部变陡，临空面加大，导致斜坡失稳，产生滑坡灾害。此外，塔基所在坡体地下水发育，有多处地下水出露点，为基岩裂隙水和冰雪融水，通过上部松散孔隙通道向塔基处渗流，使土体含水率增加，并使地基土体软化泥化，加速了坡体的变形，同时高含水率加剧了表层土体的冻融和冻胀作用。

2.5 地震情况

2017 年 12 月 15 日该地区发生 4.9 级地震，震源深度 7000m，距离该塔位 117km。据当地牧民反映，发生地震时，工作区有轻微震感，地震荷载诱发超静孔隙水压力的增大、有效应力降低，从而降低了岩土体抗剪强度，引发滑坡等地质灾害。

2.6 滑坡情况分析

395 号塔位于龙穆尔贡玛沟古滑坡体的中部，滑体平均厚度约 40m，总体积约 $4130.8 \times 10^4 m^3$，属特大型滑坡。塔基两侧又发育了两个次一级的新滑坡体，两个新滑坡均处于蠕变阶段。受区域控制性断裂构造影响，塔位周边岩体破碎，且地下水较发育，使得岩土体软化泥化，浸润了滑动面，减小抗剪阻力，在地震等因素的影响下诱发了古滑坡的变形，导致 395 号塔基础及下部土体产生变形。由于 A、B 腿位于缓坡平台，C 腿处于缓坡处，D 腿坡度相对较大，塔腿右侧临空，地下水沿坡面部分从 D 腿处渗出，导致塔腿在变形过程中出现了应力调整，D 腿处应力集中，水平力作用明显，基础与土体出现裂缝，D 腿基础倾斜，塔基发生变形。综上所述，395 号塔所在的古滑坡体在地形地貌、地层岩性、地质构造和水动力条件等工程地质条件背景下，地震活动诱发其复活，发生了蠕滑变形，导致基础位移和塔材变形。

3 治理措施

3.1 临时加固措施

（1）在铁塔 A、B 腿外侧第 9 段及第 10 段连接处安装 4 根保护拉线，如图 9-4-5 所示。

（2）在 C、D 腿组立抱杆托撑主材，如图 9-4-6 所示，分解部分荷载，防止 C、D 腿主材弯曲、变形加剧。

（3）用圆木在塔腿主材、塔腿斜材、塔身斜材及辅助材进行加固，如图 9-4-7 所示。

（4）利用钢绞线将四个塔脚板连接紧固，形成整体，如图 9-4-8 所示。

（5）为防止塔身受扭失稳，用圆木水平围箍塔身，如图 9-4-9 所示。

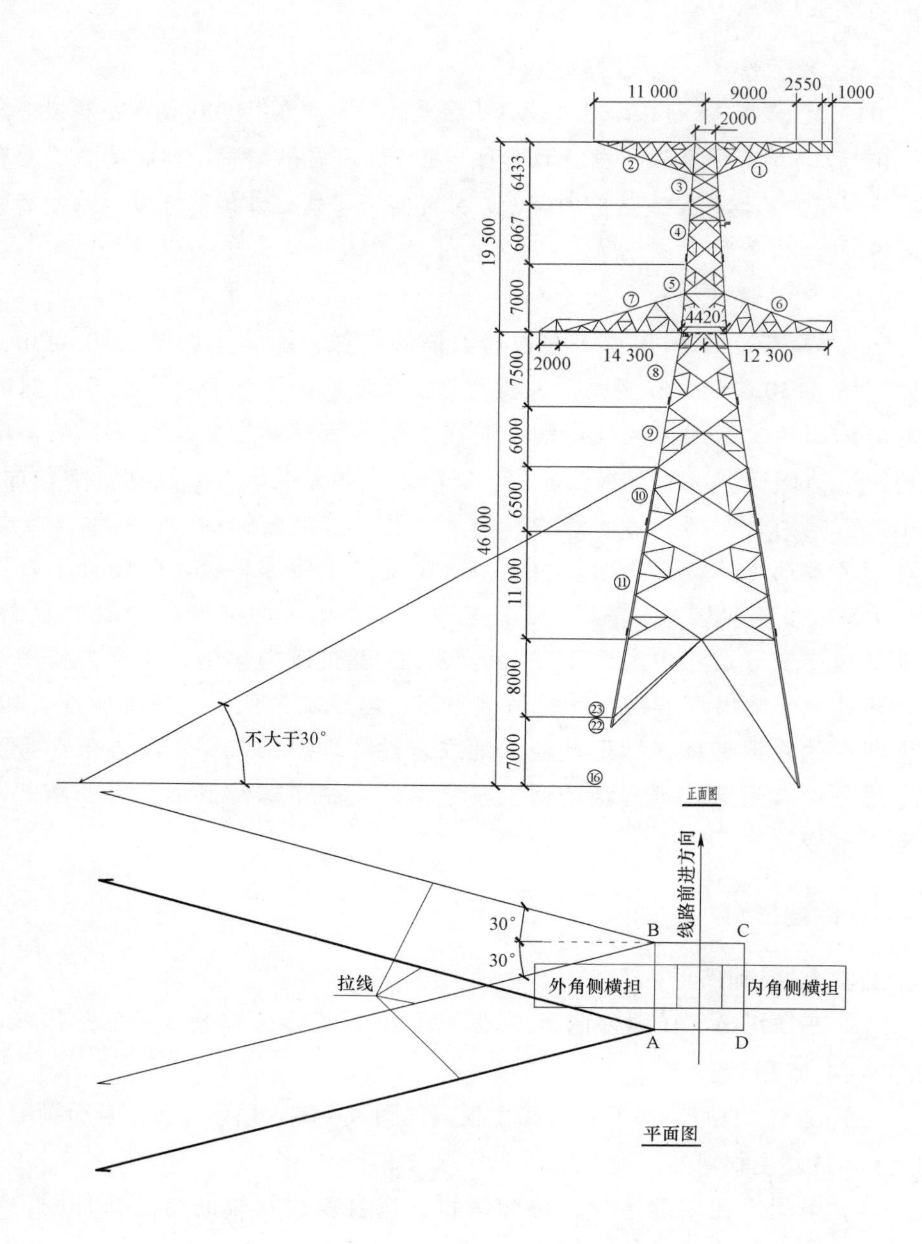

图 9-4-5 拉线布置示意图

图 9-4-6　C、D 腿组合抱杆支撑

图 9-4-7　铁塔主材加固

图 9-4-8　塔脚板拉线紧固

图 9-4-9 塔腿隔面处加固

3.2 运维措施

（1）在 395 号塔顺线路和横线路方向设置观测桩，指定专人负责定期监测铁塔转角度数、根开、柱顶标高及倾斜率，观察线路周边环境变化情况，测量数据见表 9-4-1。

表 9-4-1 测 量 数 据

序号	测量项目	现场实测数值	情况说明
1	转角度数	右 21°14′19″	（1）395 号塔中心桩已倾斜。 （2）测量数据以倾斜中心桩为基准。 （3）方向参照 394 号塔、396 号塔位交叉铁
2	柱顶标高	A：1421mm；B：445mm； C：-4395mm；D：-4424mm	（1）测量基准保护帽和基础立柱衔接接口。 （2）保护帽和立柱等径
3	杆塔倾斜率	横线路向外角侧倾斜 160mm； 顺线路向小号侧倾斜 75mm	

（2）在天气转暖冰雪融化后，做好塔基周边地表水及基岩裂隙水疏导散水工作，缩短巡视周期。

3.3 永久处理措施

为避开古滑坡蠕变及断裂带、中小地震的影响，进行改线处理，改线示意图如图 9-4-10 所示，改线线路长度 4.093km，新建 9 基铁塔，其中 4 基直线塔，5 基耐张塔。

图 9－4－10　改线示意图

4　防范措施

（1）设计时，线路路径选择应尽量避开山体滑坡、不良地质区。当无法避让时，应采取必要的措施。

（2）缩短对处于不良地质区巡视周期，天气变化时增加线路特巡次数。

（3）在此处建设地质灾害监测点，使地质灾害隐患处于24h监测中。

【9－5】湿陷性黄土沉陷区落水洞隐患

1　异常简述

1.1　概述

2007年4月，在750kV××线巡视过程中，发现线路21号塔地基周围存在多个落水洞，平均直径2m、深度3m，现场情况如图9－5－1所示。

图 9-5-1　地基周围落水洞

1.2　异常段设计情况

该线路全线采用单回架设。线路全长 145.73km，共计铁塔 283 基，于 2009 年投运。该线路穿行于我国黄土湿陷性最为严重和典型的陇西地区，该区黄土以厚度大、湿陷性强烈、湿陷等级高而敏感为特点，勘测期间采用挖探井取原状土样做室内试验的方法对黄土的湿陷性进行的研究结果表明：场地为自重湿陷类型，地基湿陷等级为Ⅲ～Ⅳ级。黄土具大孔隙和柱状节理，虫孔发育，土质结构疏松，含水量较低，遇水极易发生湿陷，形成湿陷碟（穴）、落水洞等。

2　原因分析

21 号塔位处于黄土湿陷性最为严重区域，因降雨发育出一系列的串珠状落水洞，落水洞间相互贯通，深度深浅不一，大小也各异，深度一般 1～3m，最深者大于 4m，直径一般 0.5～2.0m，最大可达 3.0m，相互贯穿的落水洞成为线路左侧和前进方向大山村地面雨水排泄的主要通道。这些成串珠状的落水洞距 21 号塔位 35～40m，现状条件下对塔位的稳定不构成威胁，但从长远来看若不进行适当的处理，任其发展，在强降雨条件下可能诱发地质灾害，一旦成灾将会对塔位的稳定性构成潜在的威胁。

3　处理措施

（1）21 号塔位旁的串珠状落水洞的形成除了黄土本身的特殊性外，在外因方面实质上是由大山村地面雨水排泄冲刷所形成的，故首先应对大山村地面雨水排泄采取改道或拦截措施，减少落水洞对塔基的危险性。排水渠断面图如图 9－5－2 所示，修建位置如图 9－5－3 所示。

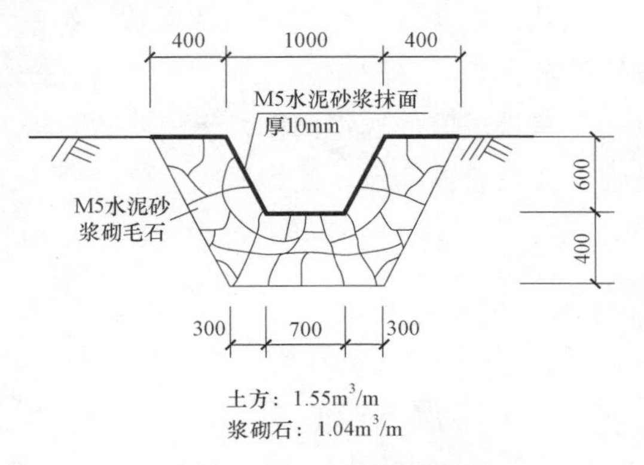

图 9－5－2　排水渠断面图

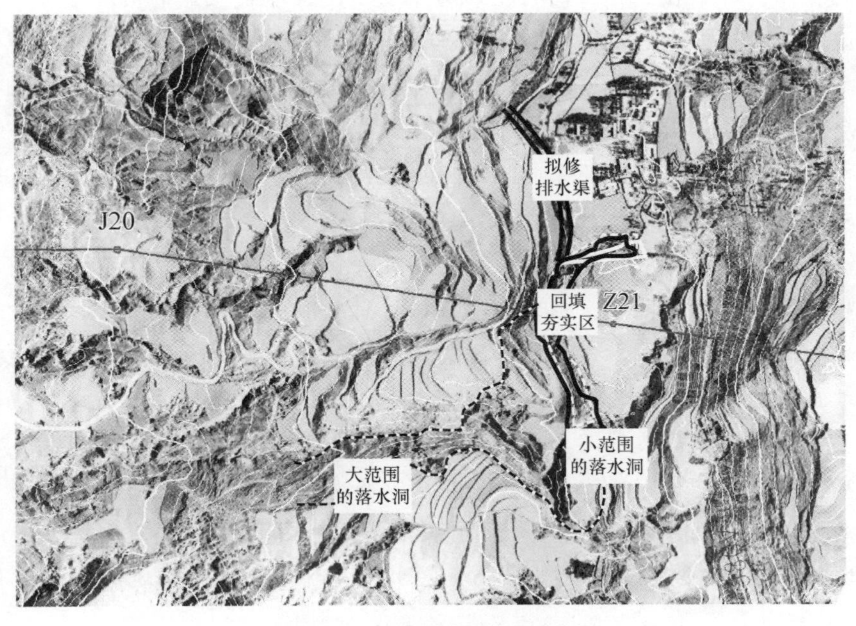

图 9－5－3　排水渠修建位置示意图

（2）对现状黄土落水洞及黄土塌陷缝进行素土回填夯实处理，施工夯实指标建议采用：最大干密度 ρ_{dm}=1.71g/cm^3，最优含水率为 15.5%。

（3）由于 20 号、21 号、22 号塔基位于特殊的地质环境中，需加强现场巡查，并做好预警预报工作，以确保线路的安全稳定运行。

4 防范措施

（1）设计时，线路路径选择应尽量避开山体滑坡、不良地质区。当无法避让时，应采取必要的措施。

（2）缩短对处于不良地质区的巡视周期，天气变化时增加线路特巡次数。

（3）在此处建设地质灾害监测点，使地质灾害隐患处于 24h 监测中。

湿陷性黄土

湿陷性黄土是指在一定压力下受水浸湿，土结构迅速破坏并产生显著附加下沉的黄土，其中在上覆土的自重压力下受水浸湿即发生显著附加下沉的称为自重湿陷性黄土。我国湿陷性黄土面积大、区城广，输电线路不可避免地会经过此类地区，如何确保杆塔基础不发生湿陷下沉，保证线路安全运行，必须引起高度重视。

在湿陷性黄土地区，为了防止或减小湿陷，最重要的是对地基进行处理，而基础则仍可采用常规基础型式，但在施工时则要尽量避免破坏湿陷性黄土的原状结构。现对可采用的基础型式及其一般特点进行对比分析。

对于湿陷性黄土地质，板式基础经济性最优且施工安全风险小，对于地形平缓的塔位应优先采用。但对于丘陵、山地塔位，采用大开挖基础对环境破坏大，尤其在干旱地区更为严重，而且大量施工余土置放不当容易造成滑坡等地质灾害，影响塔位边坡稳定。另外，大开挖基础对基坑回填质量要求高，回填土压实不够或散排水不到位更易导致积水以及渗入基底引起基础下沉。

掏挖或挖孔桩基础的基坑仅开挖基础尺寸范围内的土方，开挖范围小、对环境破坏小，且雨水渗入基底的可能性小，因此丘陵、山地的塔位应优先采用。

考虑湿陷性黄土横向挖进时土体自立性很差，为保证作业人员安全，若采用掏挖基础，一般需控制基础扩头的基底展开角不大于30°，进深不大于0.5m。另外，由于湿陷性黄土承载力特征值及宽度、埋深的承载力修正系数均较低，因此在基础作用力较大时，掏挖基础的尺寸多由下压承载力控制，基础尺寸较大，不具经济性。

挖孔桩基础可充分发挥桩侧摩阻力及桩端阻力，并且可考虑扩大头对上拔、下压承载力的有利作用，对于黄土地基效果显著。但是考虑施工的可操作性，桩径一般不小于1m，另外考虑按桩理论计算的适用性，桩长一般不小于6m。因此在基础力较小的情况下，可能存在为满足此最小尺寸要求，而造成基础承载力远高于其承受荷载的情况，造成基础材料浪费。

因此，丘陵、山地塔位应根据地形及基础作用力大小等进行比选。在基础力较小时，考虑施工方便性采用掏挖基础，基础作用力较大或出露较高时，采用经济性更好的挖孔桩基础。

第10章　气　象　原　因

【10－1】绝缘子碰损

1　异常基本情况

1.1　异常信息

2010年2月9日，在750kV××线巡视过程中，发现线路因导线覆冰后发生舞动，致使358号中相大、小号侧四联耐张串绝缘子上下联串相互碰撞，造成31片绝缘子破损。缺陷情况如图10－1－1、图10－1－2所示。

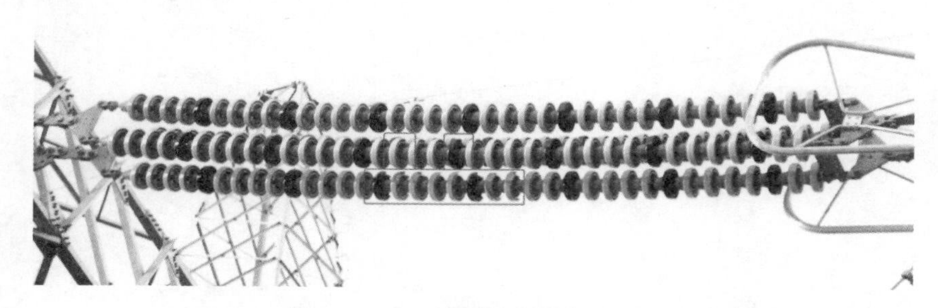

图10－1－1　中相大号侧绝缘子破损

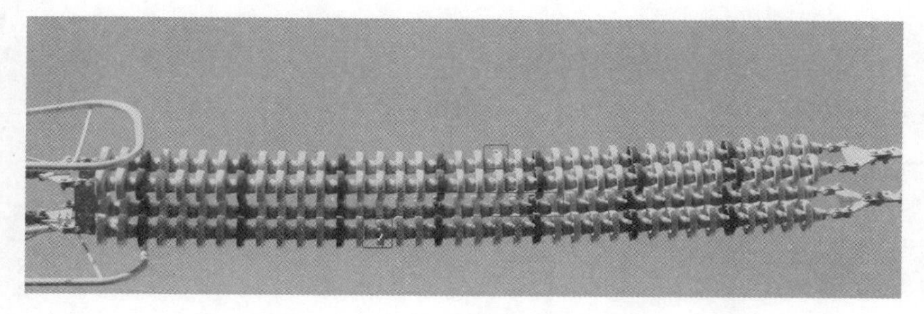

图10－1－2　中相小号侧绝缘子破损

1.2　异常段设计情况

该线路轻冰区（设计覆冰厚度为10mm和15mm的区域）采用同塔双回路架设，重冰区（设计覆冰厚度为20mm和30mm的区域）采用单回路架设。线路全长537.171km，共计铁塔599基，于2009年投运。发现缺陷的区段，处于30mm

设计覆冰区，为单回路架设。

357～358 号为独立耐张段设计，均采用四联串耐张绝缘子串；357 号为右转耐张塔，左、中相采用绝缘子支撑跳线，右相采用爬梯支撑跳线，如图 10－1－3 所示。358 号为左转耐张塔，中、右相采用绝缘子支撑跳线，左相采用爬梯支撑跳线，如图 10－1－4 所示；359 号为直线塔，三相绝缘子串采用顺线路方向的双 I 串布置。

图 10－1－3　357 号塔设备情况

图 10－1－4　358 号塔设备情况

1.3 运行工况

357～359 号位于森林保护区内，线路途经区域植被茂盛，降雨量多，空气湿润，属于典型的易覆冰区，设计时也充分考虑了此区段覆冰情况，按照 30mm 冰区设计，采用重冰区铁塔、缩短耐张端长度、减小各档档距、使用四联串耐张绝缘子串等防覆冰措施；357～358 号处于山顶两个独立的小山头，档内为山脊上的小隘口，地形情况如图 10－1－5 所示；358～359 号处于山脊后同一个斜坡地形上，地形情况如图 10－1－6 所示。

图 10－1－5　357～358 号档内地形

图 10－1－6　358～359 号档内地形

2 原因分析

在覆冰季，357～358 号受隘口风力影响，导线覆冰截面会呈现不规则形状，极易产生舞动；358～359 号受抬升气流影响，也会出现覆冰、舞动等情况。

在覆冰舞动发生时，导线上下大幅度运动，导致绝缘子串上下摆动，发生了上下串之间的绝缘子碰撞，造成破损；因 357 号右相及 358 左相为爬梯设置，爬梯对导线的固定及拉力，对导线舞动产生了一定的抑制效果，减弱了舞动幅度，因此左右两相绝缘子暂时未发生破损缺陷。

3 处理措施

3.1 临时处理措施

（1）因绝缘子破损 31 片，属危急缺陷，运维单位立即申请紧急停运处理，并于 2 月 10 日采取了临时处理措施，更换受损绝缘子。

（2）为防止更换后的绝缘子串再次因覆冰舞动造成破损，对 358 号大、小号侧绝缘子串采用双抱箍连接、角钢支撑的方式，强制对绝缘子串间进行固定，绝缘子串间隔装置如图 10-1-7 所示。

图 10-1-7 临时方案绝缘子间隔装置

（3）经覆冰舞动观测结果得知，358 号两边相舞动情况较中相稍轻，虽未出现绝缘子破损，但舞动幅度也比较大，因此，在抢修时，对 358 号两边相大、小号侧绝缘子，以及 357 号大号侧三相绝缘子，也布置了间隔装置，防止绝缘子碰撞。

（4）临时措施可能会导致个别绝缘子钢角脚和铁帽会存在受蹩情况，金具也会存在较严重的电晕现象，对线路长期运行不利。

3.2 永久处理措施

3.2.1 加大二联板

将 357 号大号侧、358 号大小号侧耐张串两端共计 36 块原联间距 550mm 的 L－8455S 号二联板更换为 700mm 的特制二联板，将四联绝缘子串垂直间距加大至 700mm。更换二联板前，拆除临时方案中布置的绝缘子间隔装置，消除运行隐患。

3.2.2 更换间隔棒

对 358 号塔相邻两档的三相导线进行防舞动改造，将 357～358 号、358～359 号两档导线间隔棒全部拆除，更换为线夹回转式间隔棒（54 套）及双摆防舞器（51 套）。间隔棒安装距离见表 10－1－1。

表 10－1－1　间隔棒安装距离表

序号	357～358 号		358～359 号	
	次档距位置（m）	安装元件	次档距位置（m）	安装元件
1	20	回转式间隔棒	20	回转式间隔棒
2	35.3	回转式间隔棒	35.4	回转式间隔棒
3	26.3	双摆防舞器	31.3	双摆防舞器
4	8.3	双摆防舞器	8.3	双摆防舞器
5	8.3	双摆防舞器	8.3	双摆防舞器
6	34.4	回转式间隔棒	24.3	回转式间隔棒
7	36.4	回转式间隔棒	32.3	回转式间隔棒
8	25.3	双摆防舞器	39.4	回转式间隔棒
9	8.3	双摆防舞器	8.3	双摆防舞器
10	8.3	双摆防舞器	8.3	双摆防舞器
11	33.3	回转式间隔棒	8.3	双摆防舞器
12	34.3	回转式间隔棒	13.3	回转式间隔棒
13	35.3	双摆防舞器	33.3	回转式间隔棒
14	8.3	双摆防舞器	35.4	回转式间隔棒
15	25.5	回转式间隔棒	21.3	双摆防舞器

续表

序号	357～358 号		358～359 号	
	次档距位置（m）	安装元件	次档距位置（m）	安装元件
16	34.5	回转式间隔棒	8.3	双摆防舞器
17			8.3	双摆防舞器
18			33.5	回转式间隔棒
19			31.4	回转式间隔棒
合计	回转式间隔棒：8×3 套 双摆防舞器：8×3 套		回转式间隔棒：10×3 套 双摆防舞器：9×3 套	
总计	回转式间隔棒：54 套，双摆防舞器：51 套			

注　表中铁塔两侧第一个间隔棒的安装距离从铁塔中相横担中心算起，其余的为间隔棒中心之间的距离，左、右两个边相的间隔棒的安装距离以与中相垂直断面对齐为原则。

3.2.3 悬垂绝缘子串偏斜调整

358～359 号更换间隔棒后，每相增加荷载约 300kg，可近似看作均布荷载。导线比载增大 6.7%，359 号悬垂绝缘子串向 358 号侧偏斜 60mm 后，两侧导线应力平衡，358～359 号档内导线应力增大 5.2%，359 号悬垂绝缘子串偏斜数值较小，无须调整。

延伸阅读

1. 线夹回转式间隔棒安装方法

六分裂线夹回转式间隔棒的组装如图 10－1－8 所示。六个子导线线夹中三

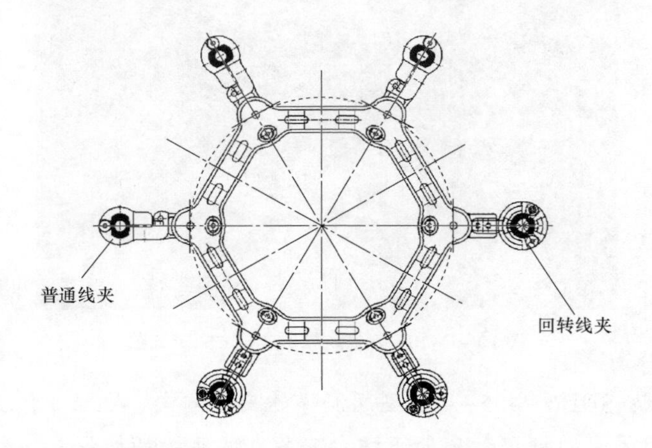

图 10－1－8　六分裂线夹回转式间隔棒组装示意图

个为普通的固定线夹，另三个为回转式线夹。本体框架为双框结构，线夹关节处安装阻尼橡胶。

安装后线夹支撑联板与滑道的位置应如图 10－1－9 所示。

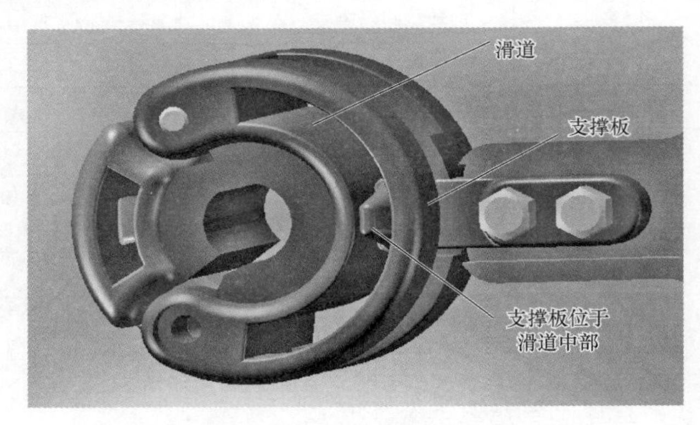

图 10－1－9 支撑板与滑道位置安装示意图

安装要求：三个回转线夹，全部布置线路前进方向左侧，间隔棒的螺栓、穿钉均由小号侧穿向大号侧，安装后支撑板需位于滑道中部。

2. 双摆防舞器安装方法

双摆防舞器以 SHB6－465－400 型间隔棒为载体安装在导线上，采用螺栓连接，连接方式示意图如图 10－1－10 所示。

图 10－1－10 双摆防舞器连接方式示意图

安装要求：SHB6－465－400 型间隔棒的安装方向，按照 4 托 2 抓的原则进行安装，即间隔棒的标识箭头朝下方向安装。间隔棒的螺栓、穿钉均由小号侧穿向大号侧。

【10-2】导线间隔棒磨损

1　异常基本情况

1.1　异常信息

2012 年 2 月运维人员巡视线路时发现，750kV××线大风区段导线间隔棒出现了大批量磨损失效情况。间隔棒磨损如图 10-2-1 所示。

图 10-2-1　间隔棒磨损照片

1.2　异常段设计情况

该线路为双回平行架设，由西向东走向。418～517 号塔位于了敦至十三间房百里风区，平均每年 5 级风天气在 200 天以上，最大瞬时风力可达 14 级。该区段输电线路设计风速为 42m/s。本线路处于天山以南，塔里木盆地北部边缘，地形以戈壁滩为主，海拔在 300～1500m。

导线采用 LGJK-310/50 型钢芯铝绞线，子导线呈六分裂布置，分裂间距 400mm；地线采用 JLB20A-100 型铝包钢绞线，分段绝缘，单点接地。直线塔边相采用单Ⅰ串 FXBW-750/210 型复合绝缘子，中相采用单 V 型绝缘子串 2×FXBW-750/210-G 型复合绝缘子；耐张绝缘子为双串瓷质绝缘子。全线采用 FJZ640-400 型螺栓式间隔棒，线路设计气象条件为：覆冰 5mm、风速 40m/s。异常段线路设计参数详见表 10-2-1。

表 10-2-1 异常段线路气象条件

气象条件	温度（℃）	风速（m/s）	覆冰（mm）
最高气温	40	0	0
年平均气温	10	0	0
最低气温	–30	0	0
最大风速	–5	40	0
覆冰	–5	15	5
安装	–10	10	0
外过电压	15	10	0
内过电压	10	10	0
冰的比重	0.9g/cm³		
雷电日数	6.9 日/年		

1.3 运行工况

通过停电检修走线发现，该区段 1032 支导线间隔棒支撑线夹夹头与框体出现不同程度磨损，间隔棒受损严重的部位为间隔棒握爪与间隔棒主体连接处，由于间隔棒长时间受风力作用，使螺栓与间隔棒框体相互磨损。间隔棒正常示意如图 10-2-2 所示，间隔棒磨损示意如图 10-2-3 所示。

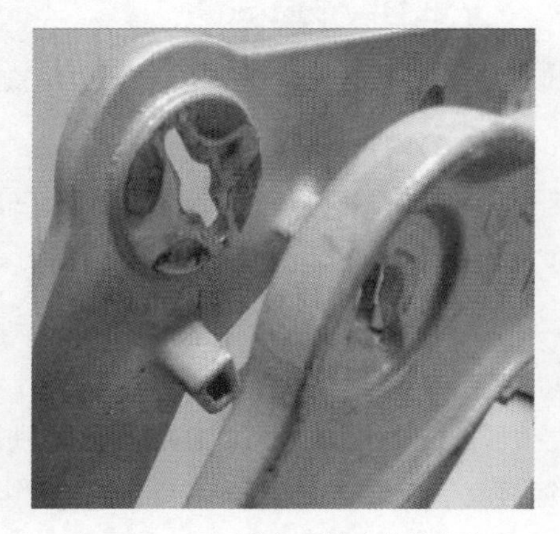

图 10-2-2 正常间隔棒支撑线夹夹头

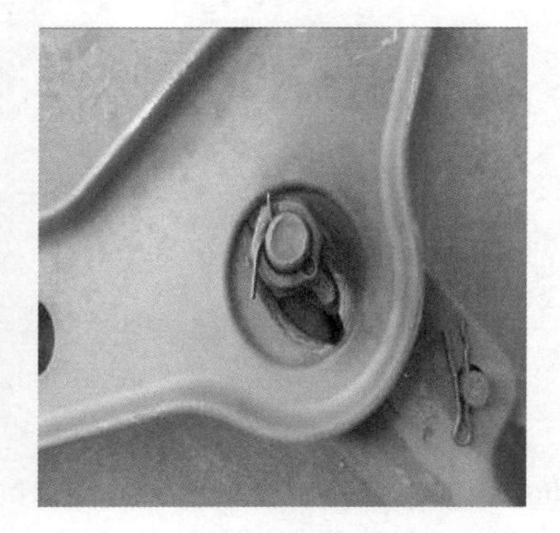

图 10-2-3 磨损间隔棒支撑线夹夹头

2 原因分析

从导线间隔棒制造工艺来看，固定支撑线夹的连接采取螺栓紧固并加有弹簧垫片方式，属于柔性连接。支撑线夹凸出部分与间隔棒框架有一定的活动间隔，主要承受子导线振动和摆动时的缓冲力。但由于在大风区段，导线长期受风力作用，子导线做不同步运动，导致间隔棒各部件间摩擦、碰撞时间增长，损坏概率提高。间隔棒握爪与间隔棒主体连接部位长期处于这类环境中，相互磨损严重使铆钉脱出，造成间隔棒损坏。间隔棒磨损导线如图10－2－4所示。

图10－2－4　间隔棒磨损导线照片

3　处理措施

通过原因分析，风区导线间隔棒的受力情况复杂，因此防治重点将放在以下几个方面：

（1）提高间隔棒和线夹连接的自由度，增加线夹摆动角，减少附加弯矩。

（2）增大线夹出口角，避免出现应力集中情况。

（3）大风区线路应采用预绞式间隔棒，提高支撑线夹耐磨强度。预绞式间隔棒如图10－2－5所示。

图10－2－5　预绞式间隔棒照片

（4）加强线路运维工作，及时发现并消除缺陷，避免事故发生。

1. 微风振动形成机理

微风振动是一种发生在架空导线、地线及光缆（OPGW 或 ADSS 等）的涡流回流现象。微风振动的基本原理是稳定的层流风垂直（或可分解的垂直分量）吹过圆柱形物体（如缆线）时，在圆柱体的背风侧会产生气流旋涡，它上下交替且旋向相反，在上下交替的冲击力作用下，圆柱体会产生上下垂直于风向的正谐周期性运动。当风吹向圆柱形物体时，在它的后面分层交错的涡流形成一定的压力差，这样就使圆柱形物体在与风吹动方向相垂直的方向产生移动（称为“卡门旋涡”）。如果涡流的频率与电线的自然频率相接近时，缆线将发生微风振动。

2. 影响微风振动的主要因素

影响微风振动的因素有很多，主要有风速和风向、地形地物、架空线结构和材料、档距大小和悬挂高度及电线使用张力等。

（1）风速和风向的影响。风作用于电线上，输入一定的风能，使其发生振动。风速较小时，输入的能量不足以克服架空线系统的阻力，因此引起架空线振动的风速有一下限值，一般取 0.5m/s。当风速较大，其不均匀性增加到一定程度时，由于卡门旋涡的稳定性受到破坏，致使架空线的振动减弱甚至停止，因此架空线振动风速有一上限值，一般取 4～6m/s，大跨越和高塔可适当提高。如 220kV 楼哈线中在“百里风区”的 300 基杆塔发生断股 40 余处，而两侧的 500 基杆塔发生了 260 余处，发生概率在 6 倍左右。风能否振动还与风向有关，观察到风向与电线的轴线夹角在 45°～90° 时容易发生振动；当在 30°～45° 时，振动的稳定性很小，在 30° 以下时，一般不发生振动。

（2）地形地物的影响。风速的均匀性与方向的恒定性，是保持架空线持续振动的必要条件。当线路通过开阔的平原地区时，其地面的粗糙度较小，对空气的扰乱作用小，气流的均匀性和方向性不容易受到破坏，所以容易使架空线持续稳定地振动。若地形起伏错综崎岖，或有高低建筑、树林等，地面粗糙度加大，破坏了气流的均匀性和方向的稳定性，因而架空线不易振动，而且振动强度降低。

3. 架空线结构和材料的影响

（1）架空线截面形状和表面状况的影响。当架空线是一个圆形截面的柱体时，气流在其背面形成上下交替的卡门旋涡，引起振动。若架空线的表面采用三股线制成的绞线，因这种结构破坏了卡门旋涡的稳定频率，其振动频率较为轻微，但此种绞线不适用于实际工程。而光滑型的导线，其直径与截面的比值较小，虽能减少风荷载和减少覆冰及舞动，但微风振动的幅值及延续时间则变得严重。

（2）架空线股丝、股数和直径的影响。一方面，架空线的股数多和层数多的，有较高的自阻尼作用，能消耗更多的能量，使之不易振动或降低振动强度，因此选用多股多层的架空线有利于防振。另一方面，在同样截面下，股数越多，股线直径必然越小，对于同一容许振动应力值，小股线直径可以容许较大的弯曲幅值。一般认为，在相同振幅下，直径小的，风能输入的相对功率要大些。统计资料也表明，架空线的直径越小，疲劳断股的比例越高。因此，架空线的直径越小，越需要防振。

（3）架空线材料的影响。通常，架空线材料的疲劳极限并不按其破坏强度的增大成比例地增大，二者的比例反而随破坏强度的提高而下降，如高强度钢丝，其疲劳极限约为其破坏强度的28%，而特高强度的钢丝，这个比例降到24%。因而在工程中用相同的平均运行应力安全系数，从振动看并不具有同等的安全性。另外，架空线所用材料的重量较小，其振动越严重。这是由于风速相同，输入的两个相同直径的圆柱体的能量就相同，或者说两圆柱体产生相同的上扬力，质量小的获得的加速度大，振幅必然大。

4. 档距长度和悬挂高度的影响

风速给架空线的能量与档距成正比，即档距越大，风能输入能量越大。同时档距增大，半波数凑成整数的概率也增大。此外，档距长度增大，架空线悬挂高度也随之增大，振动风速范围上限也相应提高。由于这些原因，架空线振动概率、频率及持续时间都因档距增大而增大。

5. 悬挂体系的影响

在档距端部，架空线通过绝缘子串与杆塔横担相连，这些部件的阻尼对架空线振动的强度有很大影响。架空线振动时，绝缘子各个元件间产生相对位移和摩擦，横担产生变形，消耗掉了一部分能量，减轻了振动的危害。运行实践表明，酒杯塔的边横担和中横担相比，前者的架空线振动强度小，断股数少。美国对某一条345kV线路实测表明，边相导线的振动强度要比中相的低10%以上；另一条水平排列的针式绝缘子线路，横担边相导线的断股比率为0.6%，而杆顶中相导线的断股比率竟高达30%。

6. 架空线张力的影响

张力越大，频率也就越高，单位时间振动次数增多了，如果以耐振次数衡量架空线疲劳极限，则其疲劳寿命短了，这对线路长期运行是不利的。

【10－3】复合绝缘子伞裙破损

1 异常基本情况

1.1 异常信息

2010 年，在 750kV××Ⅰ、Ⅱ线巡视中，发现大量直线塔复合绝缘子大伞裙破损，伞裙破损情况如图 10－3－1 所示。

图 10－3－1 伞裙破损情况

1.2 异常段设计情况

该线路设备异常区域在达坂城风区至吐鲁番三十里风区内，设计风速为 39～42m/s，其余地段为 28～31m/s，直线塔绝缘子均采用复合绝缘子，异常段气象条件详见表 10－3－1。

表 10－3－1 异常段气象条件及污区分布

风速区段			污区区段		
Ⅰ线	Ⅱ线	风速（m/s）	Ⅰ线	Ⅱ线	等级
1～79 号		28	1～92 号		E
79～92 号		30	92～262 号	92～262 号	E
92～133 号	92～129 号	28	262～272 号	262～266 号	D

续表

风速区段			污区区段		
Ⅰ线	Ⅱ线	风速（m/s）	Ⅰ线	Ⅱ线	等级
133～166号	129～161号	31	272～334号	266～329号	C
166～247号	161～245号	38	334～360号	329～357号	D
247～272号	245～266号	39	360～429号	357～425号	E
272～307号	266～303号	42			
307～360号	303～355号	39			

1.3　运行工况

该线路运行时间不到一年的悬式复合绝缘子出现伞裙根部断裂情况，单根绝缘子最多伞裙根部断裂片数达到29片。根据当地的地貌特征和自然风速剖面梯度公式，10m高度处最高平均风速42m/s，推算出在该线路杆塔平均弧垂高41m高度处，最高平均风速达到53.5m/s。

2　异常现场调查

经排查统计，两线共有49支复合绝缘子伞裙根部破损，其中39～42m/s风区破损47支，31m/s风区破损2支。

3　原因分析

3.1　悬挂方式分析

复合绝缘子在杆塔上的不同悬挂方式，对其破坏程度的影响明显。该区段的线路呈东西走向，主导风向为北偏西风，几乎与线路走向垂直。

根据破损绝缘子悬挂位置统计发现，伞裙破损情况与绝缘子伞裙的结构、受风角度有关。当风向沿绝缘子轴向由上向下吹时，伞裙基本没有受损；当风向沿绝缘子轴向由下向上吹时，伞裙受损情况最为严重；当风向垂直于绝缘子轴向时，伞裙受损情况介于两者之间。风向与V串布置情况如图10－3－2所示。

3.2　绝缘子结构分析

异常区段伞裙配合方式为大—小—中—小—大，伞裙外径分别为210、130、175、130、210mm，如图10－3－3所示。

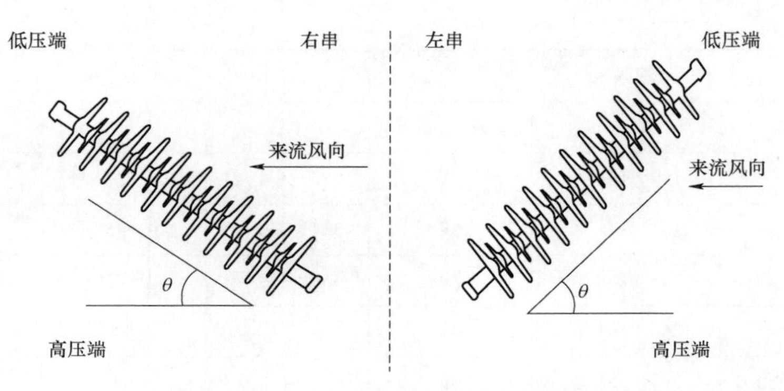

图 10-3-2 风向与 V 型绝缘子串布置情况

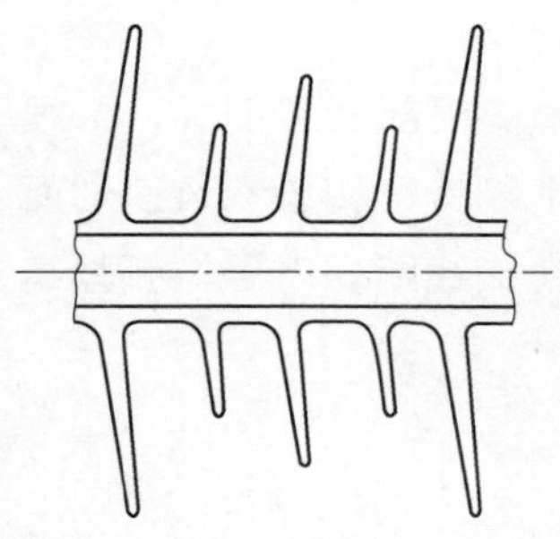

图 10-3-3 伞裙结构示意图

从绝缘子结构形式来看，出现大伞裙破损的复合绝缘子均为“三伞五组合”中的大伞，这种伞裙结构的复合绝缘子属风动力型，能够充分利用微风振动达到自洁清污的作用。但在频繁大风区使用时，反而加速了伞裙疲劳破损。

通过排查，处于设计风速 31m/s 的 750kV 输电线路，虽也使用了故障区段同样的复合绝缘子，但均未发生伞裙破损情况。处在“百里风区”36～42m/s 风速气象条件下的其他 750kV 输电线路，所使用的大—小伞（伞径 196mm）结构复合绝缘子也均未出现伞裙破损情况。这进一步说明了伞裙过大的复合绝缘子不适合在大风区内使用。

3.3 绝缘子破损发展过程分析

通过对破损复合绝缘子的现场调研发现，伞裙断裂故障由轻微到严重有如下三类情况。① 伞裙根部区域产生离散的针刺点；② 伞裙根部倒角处产生细微裂纹，伞裙表面硅橡胶材料破坏明显；③ 从伞裙表面产生贯穿至另一面的断裂，单支绝缘子上多片大伞发生这种故障。三类情况分别如图 10-3-4～图 10-3-6 所示。

此外，通过外力压迫伞裙产生大形变过程中，有部分大伞裙出现以下两种情况：

（1）在某些外表完整的伞裙中，当其受外力作用出现大变形时，在根部区域逐渐出现细微裂纹，随着施加力的增大和形变加剧，该裂纹迅速扩展，伞裙根部完全撕裂形成贯穿性断裂裂纹；

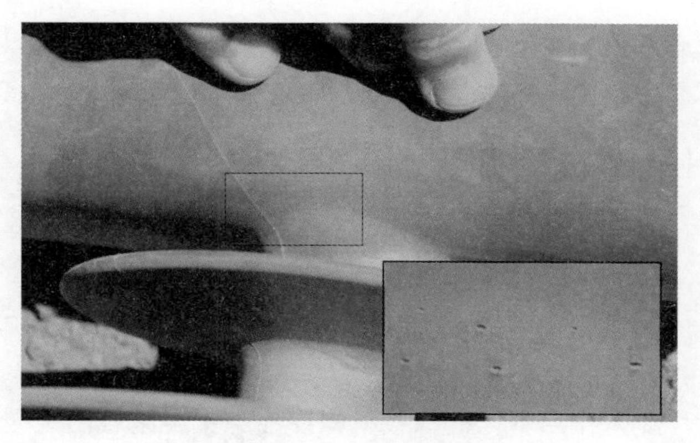

图 10－3－4　初期的针刺点

图 10－3－5　发展为细微裂纹

图 10－3－6　伞裙根部疲劳裂纹

（2）对根部已经产生针刺点的伞裙施加外力使其变形，可以发现针刺点逐步扩展为细小裂纹，接下来各个针刺点形成的裂纹相贯连，形成狭长的小裂纹，并进一步发展，最终形成断裂故障。

根据绝缘子破损情况的现场调研结果，结合硅橡胶疲劳龟裂实验结论及绝缘子伞裙受力仿真分析结论，可得出复合绝缘子使用于强风区产生断裂的完整过程如下：

在强风气流下，复合绝缘子伞裙出现大幅度摆动现象，该现象导致伞裙根部应力集中，并且该应力周期性出现。

在长期循环应力作用下，硅橡胶材料在应力集中区域出现疲劳松弛现象，该区域位于伞裙根部圆弧形倒角区域内。

随着材料疲劳的加深，伞裙表面开始产生离散的针刺点，单个针刺点面积小于 $1mm^2$。

随着循环应力的持续作用，针刺点逐渐发展为独立的细小裂纹，进一步各细小裂纹相互贯连，形成较为显著的表面裂纹。

表面裂纹一方面沿伞裙表面横向发展，长度不断增加，另一方面深入伞裙内部，向伞裙另一侧延伸，最终发展为贯穿性的断裂故障。

4 处理措施

根据复合绝缘子的使用管理规定：伞套明显脆化、粉化或破裂，伞套出现漏电起痕与蚀损，且累计长度大于绝缘子爬电距离的 10%，被破坏伞裙的数量超过总伞裙的 30%，若出现以上情况之一，则可判定该绝缘子失效，应予更换。更换为结构高度相同的伞裙直径不大于 200mm 的大—小伞结构复合绝缘子。推荐大—小伞复合绝缘子结构如图 10－3－7 所示。

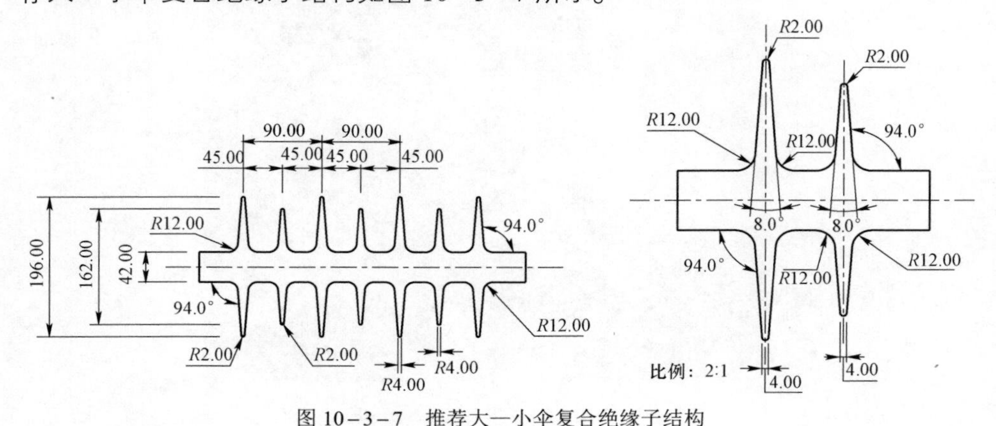

图 10－3－7 推荐大—小伞复合绝缘子结构

为保证该线路安全运行，开展了强风区复合绝缘子适用性研究科技项目，制定了新疆电网强风地区复合绝缘子使用技术导则。

【10－4】地线金具磨损

1　异常基本情况

1.1　异常信息

2011年3～4月，运行人员发现750kV××Ⅰ、Ⅱ线输电线路处于大风区段的地线及光缆挂点连接金具（U型环）普遍出现不同程度的磨损，其中光缆金具磨损尤为突出，个别U型环截面磨损达到40%，磨损的U型环如图10－4－1所示。

图10－4－1　磨损的U型环

1.2　异常段设计情况

最大设计风速40m/s，最高温度40℃，最低温度－30℃，设计冰厚5mm；导线采用LGJK－310/50型钢芯铝绞线，子导线呈六分裂布置，分裂间距400mm；地线采用JLB20A－100型铝包钢绞线，分段绝缘，单点接地。直线塔边相采用单Ⅰ串FXBW－750/210型复合绝缘子，中相采用单V型绝缘子串2×FXBW－750/210－G型复合绝缘子；耐张绝缘子为双串瓷质绝缘子。

2　原因分析

异常线路区段沿线途径“三十里风区”和“百里风区”，此地段常年大风，风力都在7级左右，瞬时风速超过12级，U型螺栓磨损严重的塔位处于风频及风速较高区域，挂点金具连接方式为环—环连接（U型环与U型环连接），接触

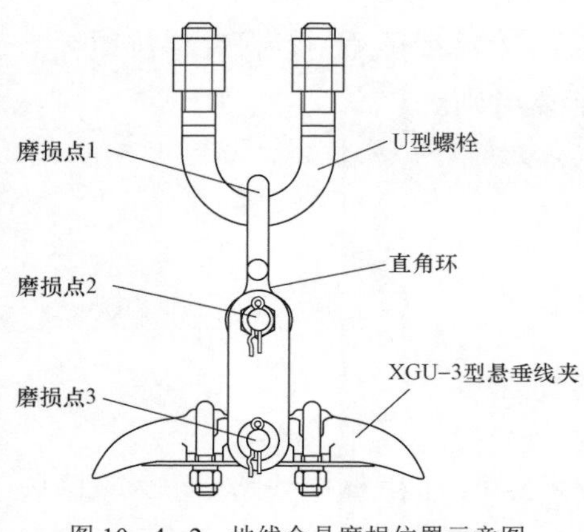

图 10-4-2　地线金具磨损位置示意图

面较小，压强大，大风横线路作用时，悬垂串横向长时间摆动，造成接触面频繁摩擦。

对现场地线金具连接方式进行磨损分析。磨损点主要分布于以下 3 个位置：① 挂环 1 与铁塔 U 型螺栓悬挂连接点处磨损比较严重。② 挂环 2 与悬垂线夹挂板间的磨损较轻。③ 悬垂线夹挂板 3 与船体挂轴间的磨损很严重。地线金具磨损位置示意图如图 10-4-2 所示。

延伸阅读

1. 引起地线金具磨损的因素较复杂，可从以下三方面分析。

（1）环境因素：架空输电线路常年受大风、昼夜温差等气象的影响，使导线不停振动而引起附加应力，虽比正常运行应力小很多，但频繁出现的交变弯曲应力、长时间和周期性的振动将导致地线及金具疲劳损坏，严重时出现断裂。

（2）线路设计参数：截面形状与表面状况、股丝、股数、直径、材料、档距长度和悬挂高度、架空线张力、导线年平均运行应力、悬挂点张力差、地线水平荷重与垂直荷重等均将影响线路的防振水平，进而影响地线金具的磨损。

（3）金具自身设计参数：金具材料一般采用铸铁和锻压钢，连接处的干摩擦、线夹上存在铁锈，加上雨水的锈蚀，将加速金具的磨损。风力作用下线夹挂板受扭转作用而不能自持平衡，承压面减小使挂板磨损加剧。

（4）其他原因：施工时没拧紧螺栓、漏加垫片和开口销、采用不配套的悬垂线夹和地线等，均会造成地线金具磨损。

2. 金具磨损规律

综合分析：基于文献提供的地线线夹磨损位置数据，可发现如下磨损规律：① 连续下山段中直线塔的线夹易磨损。由位于连续上下山中间处线路的垂直档距较小而导致。② 相邻两基塔高出本塔易磨损。受上拔力易产生振动，是地线线夹挂轴磨损的主要原因。③ 相邻杆塔高差大的直线塔的线夹易磨损。由于输电线路的垂直与水平档距之比相对较小，造成地线较大幅值顺线路频繁串动，是引起线夹挂板与船体挂轴间滑动摩擦的主要原因。④ 大小号侧档距相差悬殊的直线杆塔线夹易磨损。因两侧档距相差很大，气象变化时两侧导线受的张力不同，更易引起线夹的摇摆磨损。⑤ 处于山头的塔（受下压作用），线夹轴的磨损是受力和风速两者综合作用的结果。

3 处理方案

目前，耐磨线夹主要有 XDU2F、XDU2B、XDU2C 3 个系列。现仅能从地线金具自身结构及材料改进从而减少地线金具磨损。

3.1 改变地线金具结构

金具间常用的连接方式为环与环的连接、螺栓连接、球头与碗头连接 3 种。地线金具的运动方式主要有偏转、风偏和扭转 3 种。长期运行实践表明，现用悬垂线夹的结构总体上合理，材料的机械性能、电气性能均能满足运行要求。但特殊地段处却有严重磨损，因此针对大风地区改变地线金具结构：

（1）U 型螺栓与直角挂环的磨损。可加大连接处的面积、Y 型线夹、斜交叉式连接方式、换用螺栓连接、加自润滑铜套、改用碗头连接且中间加装绝缘子。

（2）直角挂环与挂板的磨损。因磨损不严重，仅作为一个中间环节，可暂不改进。

（3）挂板与耳轴的磨损。可采取换用提包式和预绞丝线夹、双线夹、加大上面开口宽度、添加自润滑轴套。

3.2 改变地线金具材质

（1）采用耐磨堆焊形成防磨层，减轻前期的磨损（但磨损层失效后，磨损仍然产生）。

（2）对挂板或耳轴进行碳氮共渗低温回火热处理，可大幅减少金具的磨损。

3.3 其他方案

（1）采用新型预绞丝线夹，该线夹应力分布均匀、抗疲劳性强、使用寿命长、电气性能良好，可减轻线路振动、金具运动机会。但线夹金具间的连接处依然可能产生磨损，且安装时高空作业劳动强度大、成本高。

（2）添加润滑脂，润滑剂对减磨具有重要作用，将 MoS2 锂基润滑脂加入金具接触表面，将变干摩擦为边界润滑，金具间的磨损量大幅降低。但由于金具不是封闭体系，在自然界恶劣气象条件下隔段时间即需重新添加润滑剂，实际维护难度大。

3.4 不改变 U 型螺栓和铁塔挂点的连接方式

在不改变 U 型螺栓和铁塔挂点的连接方式的情况下，提出如下几种优选设计方案。

方案 1：采用 U 型螺栓+球头挂环+地线绝缘子+XGU 型悬垂线夹。

优点：横、纵线路方向可转动，加一个绝缘子增加了金具长度和磨损件，使其他部件磨损减少，球头挂环可自由转动，减少上方与 U 型螺栓间的磨损。

缺点：球头与碗头间的转动角度较小，且脱冰跳跃时有可能脱出，金具间磨损依然较严重。

方案 2：采用 U 型螺栓+Y 型挂板+板孔改大+轴热处理。

优点：Y 型挂板采用弯曲螺栓，加大了接触面积便于扭转运动；耳销轴加长增加其接触面；板孔加长加粗，加大了线夹挂板孔的半径，或将孔向上移动，节约材料，并将两种材料选用不同硬度材料，使挂板材料无挂轴耐磨；悬垂线夹挂轴进行碳氮共渗低温回火热处理，可提高硬度和耐磨性能。

缺点：金具间相对运动仍为干摩擦，由于线夹船体高度限制，耳轴增粗范围有限，有些部件需单独制造。

方案 3：采用改进型 U 型螺栓+改进板+提包式线夹。

优点：鉴于 XGU23 型线夹活动点转动过分灵活，将其更换为提包式线夹，使摆动活动点与电线轴线不在同一轴线上，从而达到抑制其转动的灵活性，减少销轴摆动，降低磨损速度，改进 U 型螺栓和提包式线夹间可添加自润滑轴承，减少磨损。

缺点：弯矩较大，更换销轴工作强度大。

方案 4：采用双联。

优点：减少了单个悬垂线夹的磨损，且部件较多，耗能位置也多，可减少关键部件的部分磨损。

缺点：转动不灵活，U 型螺栓与铁塔连接处受的弯矩较大，U 型螺栓与二联板处的磨损依然严重。

3.5 实施方案

2011 年 6～9 月对全线处在风速 36m/s 以上区段的杆塔共计 747 基直线塔地线和光缆悬垂金具进行了改造，① 改变连接方式，采用高耐磨材料制成的直角挂板代替 U 形环；② 增加连接金具接触面积，降低接触面的压强，提高金具耐磨水平。

更换处理后，运行单位加强了更换金具的跟踪监测，目前设备运行良好，未发现金具有明显磨损。地线金具治理前后比对示意图如图 10－4－3 所示。

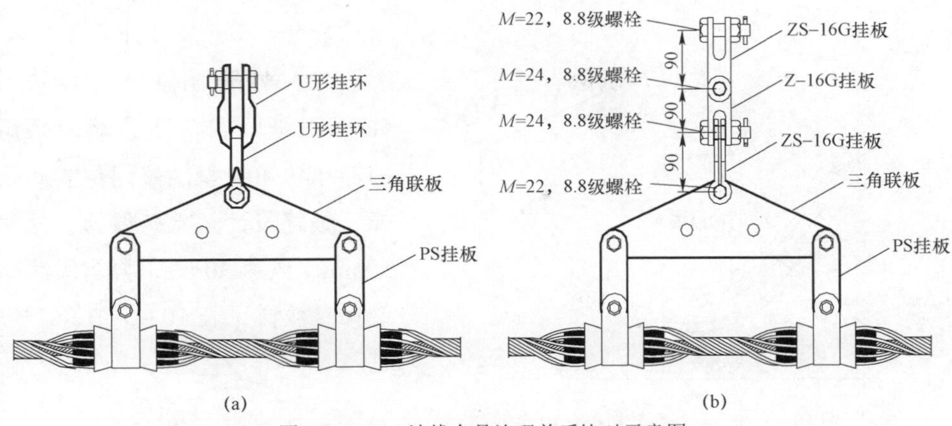

图 10-4-3　地线金具治理前后比对示意图

（a）未改动的方案；（b）改动后的方案

【10-5】导线翻转

1　异常基本情况

1.1　异常信息

2010 年 11 月 6 日 9 时 30 分，线路巡视人员发现，750kV××线 42～43 号档导线，第 1、2 间隔棒中间至第 5、6 间隔棒中间发生 180° 整体翻转（面向大号侧，导线绕线束轴线逆时针旋转），致翻转与未翻转交界处的 6 条子导线出现扭绞，扭绞处线路下方电晕放电声比较大，如图 10-5-1、图 10-5-2 所示。

图 10-5-1　导线翻转扭绞现场照片

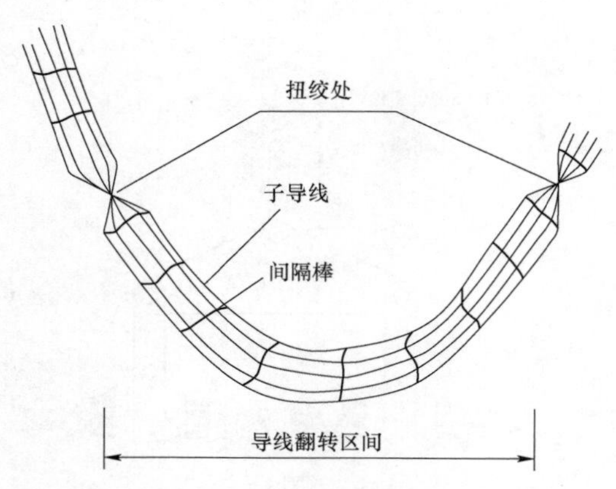

图 10-5-2　导线翻转扭绞示意

1.2　异常段设计情况

42～43 号档位于线路 37～50 号耐张段内，该线路段采用 FJZ-640/400 型防晕阻尼式间隔棒，线路设计气象条件为：覆冰 10mm、风速 30m/s，异常段线路设计参数详见表 10-5-1。

表 10-5-1　　42～43 号段线路设计参数表

异常段	塔号	42～43 号
	塔型	ZB125、ZB325
	塔高（m）	31.551
	档距高差（m）	575/–72.1
	悬点高差（m）	–52.6
	间隔棒情况	9 个，最大 70，最小 35，平均最大 63
	前后侧档距	后侧：376/–10.7；前侧：621/–25.5
耐张段	起止塔号	37～50 号
	塔基数	直线 12 基、耐张 2 基
	耐张段长（m）	7419
	代表档距（m）	776
	平均档距（m）	571
	最大档距（m）	1160
	最大高差（m）	–118.5
	间隔棒安装次档距（m）	最大 72；最小 30；平均最大 65

1.3　异常段运行工况

42～43 号位于山区，山大沟深、山势陡峭、大部分山体基岩裸露，线路走径困难。其中 42 号塔位于本区段线路塔位海拔最高点（海拔高度为 2275m），

42～43 号档距 575m，塔位高差约 72m，42 号塔大号侧为一大坡，地形相对开阔，少屏蔽物，空气流动阻力小，如图 10－5－3～图 10－5－5 所示。

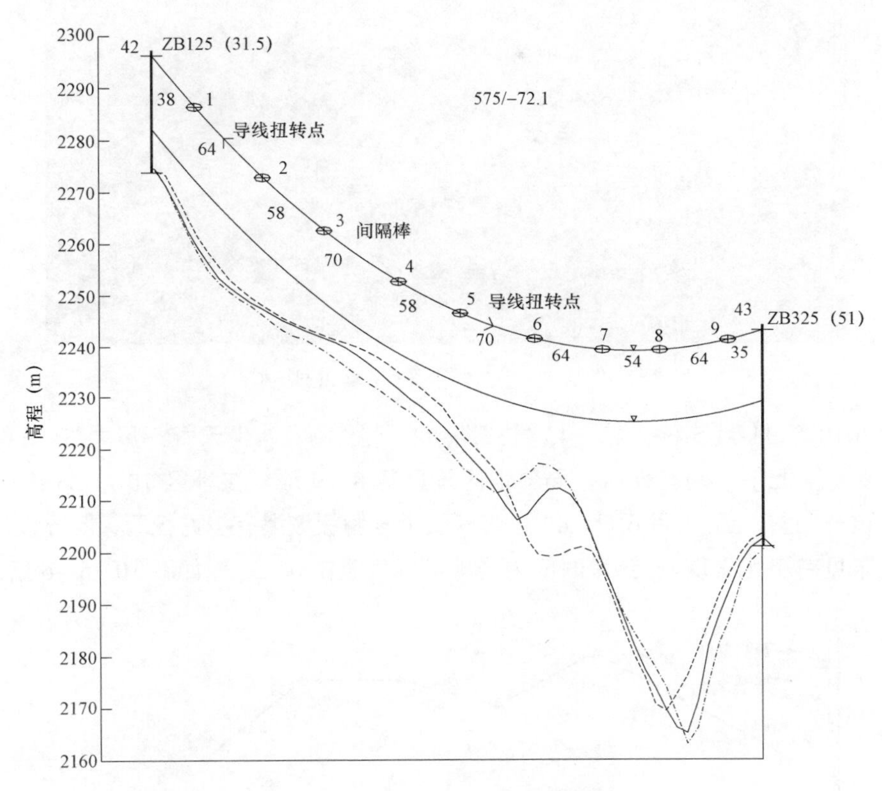

图 10－5－3　42～43 号断面图

图 10－5－4　42～43 号段线路航测影像图

图 10-5-5 42～43 号线路前进方向地形

2010 年 11 月 5 日，42～43 号线路所在地区晚为沙尘天气，风力 5～6 级，6 日凌晨至上午，刮有强风，局部地区阵风达 8～9 级。该地区 10 月 26 日前后曾下过一场雪，至 11 月 6 日，42 号塔基及小号侧缓坡上有少许积雪，但导线、地线上未见有覆冰雪现象。该段时间内当地最低气温在 0～5℃，如图 10-5-6 所示。

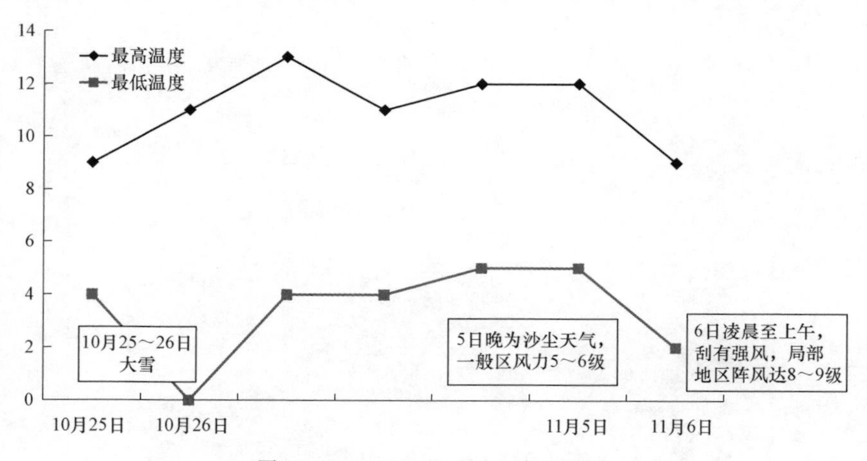

图 10-5-6 42～43 号段天气记录图

2 原因分析

2.1 过程分析

图 10-5-7 中实线所示，A、B、C、D、E、F 为导线某一间隔棒处在正常

位置的横断面，虚线所示A1、B1、C1、D1、E1、F1为导线在其相邻间隔棒位置的横断面，间隔棒A1、B1、C1、D1、E1、F1在外力作用下向箭线E所示方向转动。箭线A1－A、B1－B、C1－C、D1－D、E1－E、F1－F所示为两间隔棒间的导线施加给间隔棒A1、B1、C1、D1、E1、F1的力在其所处平面内的分力。正常状态下，沿箭线E所示方向施加的外力矩不足以克服A1－A、B1－B、C1－C、D1－D、E1－E、F1－F间的阻力，导线不会发生翻转，处于力学的相对平衡状态。42～43号塔在地理上呈西南—东北走向，8～9级的西北风正好垂直于线路方向吹来，左相导线下方处于垭口、迎风坡的微地形，这种地形造成风速和水汽通量的增大，形成向上的回旋气流冲击导线及间隔棒。在强风和垭口迎风坡上升气流的共同作用下，使得沿箭线E所示方向施加的外力矩能够克服A1－A、B1－B、C1－C、D1－D、E1－E、F1－F间的阻力，导线发生逆时针翻转扭绞。在子导线的扭绞点，所有子导线均经导线线束中心通过，靠近扭绞点的间隔棒将不再有附加扭矩的作用，导线处于新的平衡状态，如使其复位，需施加足够的反向力矩。在修复42～43号档左边相导线的翻转时，对该档弛度进行检查，总体弛度数值满足运行要求且与设计值偏差极小，相间、子导线间弛度几乎没有偏差，这说明即使在导线相间弛度差、子导线弛度差调整较好的情况下，导线在足够大的外力矩的作用下也可发生翻转扭绞；同时，导线复位后仔细检查导线外观及间隔棒，均未发现损伤，这一点说明导线未发生舞动。

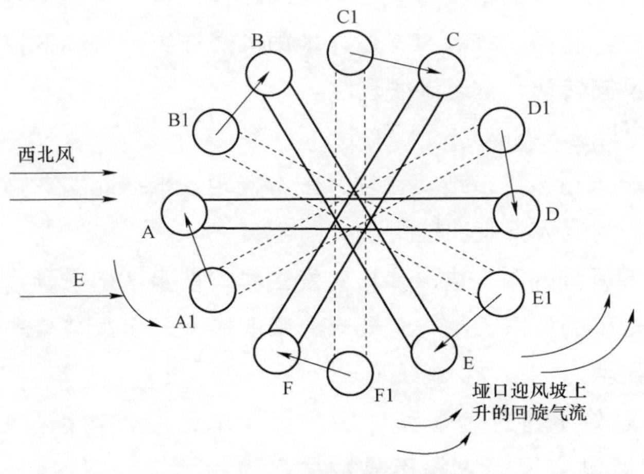

图10－5－7　导线翻转断面示意图

2.2 分析结论

虽然发现异常时前几日有过下雪天气，但结合当时巡视及环境情况，线路未发生覆冰雪现象。线路覆冰一般最早出现在地线上，线路覆冰的气象条件持续时间较长时导线上才会出现覆冰，脱冰时导线由于阻性发热原因首先脱冰，而后地线才会逐步脱冰。巡视人员 11 月 6 日早晨到达故障点时并未发现线路地线上有覆冰，现场调查也未发现导地线覆冰情况。未发生舞动而出现翻转扭绞现象，这在国内 750kV 线路上尚属首次。

出现翻转扭绞的仅为线路一相导线，扭绞点也并未出现于导线弧垂最低点两侧，而出现在靠近 42 号塔大号侧 250m 的缓坡段，且处于弧垂较高区间段。异常档地形开阔，跨越一条沟谷，由于“狭管加速效应”，此处风速明显大于临近地区；线路走向与西北风向基本呈垂直交叉，导线吸收风力能量大；该档处于垭口，这种地形引起西北向来风顺山坡向上爬升，使线路左相导线受到向上吹动的风力，这个作用力克服了相邻隔棒间的阻力，最终导致导线发生逆时针翻转扭绞。

3 处理措施

3.1 现场处理措施

根据本次翻转产生原因，借鉴 330、500kV 输电线路子导线翻转处理的经验，现场采取措施如下：两名作业人员着全套合格屏蔽服登塔至横担头，系好安全带后两人配合将绝缘绳抛搭在导线上，地面工作人员将绝缘绳溜至靠近导线扭绞的间隔棒附近，将两个绳头交叉后，地面人员在统一号令下拉紧绝缘绳，使线束向翻转的反向转动，直至导线复位。

3.2 预防措施及建议

（1）对线路进行技术改造，合理分配次档距。根据此次缺陷产生的特点，适当调减异常档间隔棒安装次档距。

（2）在改装间隔棒时，进一步核查发生异常档距各相子导线弧垂误差是否符合施工验收规范的要求，不符合要求应采取措施，尽量减少子导线实际弧垂与设计值之间误差。

（3）异常段处于特殊地形和环境，可在本区段，特别是缺陷点加装气象、导线振荡监测装置，收集可靠数据，为后续工程建设积累数据基础和运行经验。

【10－6】地线支架变形

1　异常基本情况

1.1　异常信息

750kV××线2008年8月4日投入运行，线路全长162.03km，杆塔348基。2013年4月18日，检修人员在线路综检时发现，40号、41号和42号杆塔地线支架塔材发生变形现象。其中，40号杆塔地线横担123号板轻微变形，向大号侧弯曲，OPGW光缆侧横担123号板轻微变形，向大号侧弯曲；41号杆塔OPGW光缆侧横担向大号侧扭曲，附件向大号侧倾斜，地线横担123号板变形，向大号侧弯曲，附件向大号侧倾斜；42号塔OPGW光缆侧横担向小号侧扭曲，105号、120号、123号板变形，附件向小号侧倾斜。部分变形扭曲如图10－6－1～图10－6－3所示。

图10－6－1　41号地线横担扭曲变形情况

图10－6－2　41号地线横担塔材变形情况

图 10-6-3　42 号铁塔地线横担塔材变形情况

1.2　异常段设计情况

40～42 号档位于线路 37～50 号耐张段内。异常段所在耐张段情况如表 10-6-1 所示，线路设计气象条件为：覆冰 10mm、风速 30m/s。40～42 号段线路参数详见表 10-6-2，塔型均为 ZB125。

表 10-6-1　异常段所在耐张段情况

起止塔号	37～50 号
塔基数	直线 12 基、耐张 2 基
耐张段长（m）	7419
代表档距（m）	776
平均档距（m）	571
最大档距（m）	1160
最大高差（m）	−118.5
间隔棒安装次档距	最大 72 最小 30 平均最大 65

表 10-6-2　40～42 号段线路设计参数表

杆塔号	塔型	地线型号	光缆型号
40 41 42	ZB125	GJ-80	OPGW-110

1.3　运行工况

40～42 号位于山区，山大沟深、山势陡峭、大部分山体基岩裸露，平断面图如图 10-6-4 所示。42 号塔位于异常耐张段线路塔位海拔最高点（海拔高度为 2275m），2010 年该线路在 42 号至 43 号档已发生过由于微气象微地形原因引起的导线翻转现象。

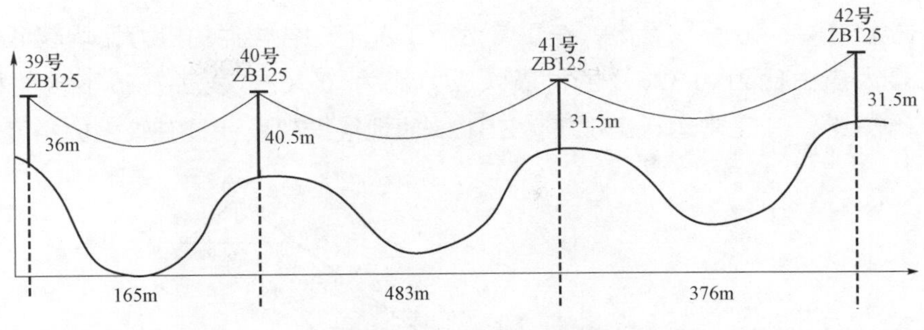

图 10－6－4　异常段平断面图

2　原因分析

2.1　现场气象条件

该地区近两年春冬季未出现明显的有效降水，也未出现长时间的大雾天气。异常发生前巡视周期内，该段未发生降水现象，在线路事发地以北约 10km 的风电厂收集相关资料，2013 年 3 月 5 日，异常段地区 10min 平均最大风速达到 21.7m/s。

2.2　分析过程

2.2.1　气象条件

根据现场气象条件，异常段位于高山、风口区域，属于微地形微气象区域，常年刮风，异常段导线、地线摆动较为强烈。

2.2.2　塔材结构

ZB125 的地线支架的单线图如图 10－6－5 所示，在正常运行工况下（除断线外的工况）的应力比如图 10－6－6 所示。

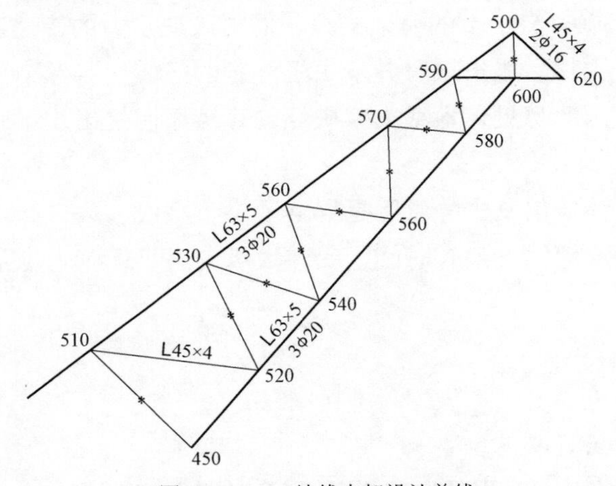

图 10－6－5　地线支架设计单线

由图 10－6－6 可以看出，在正常运行工况下，各构件的应力比均较低，斜材的最大应力比为 0.326，主材最大应力比为 0.707，发生在最下端的构件 450～520 节。在正常运行工况下，ZB125 的地线支架设计具有较大的裕度。

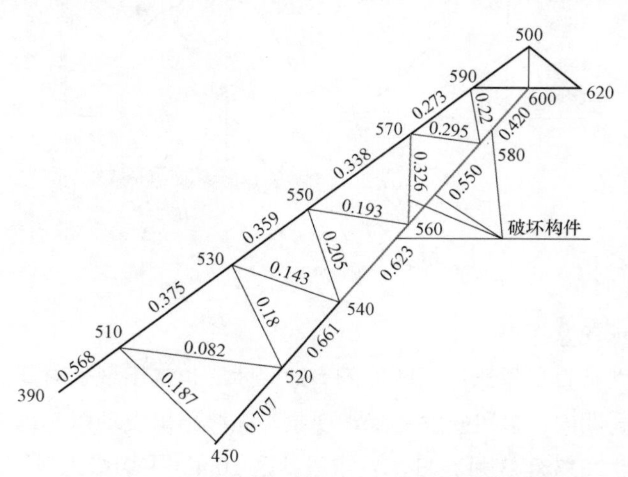

图 10－6－6 地线支架各构件在各正常运行工况下的应力比

2.2.3 地线支架屈服原因分析

根据应力分析，对主材而言，如果发生破坏，只有可能在 450～520 节，这是因为该节间应力比不仅最大，而且该节间端头还存在单面连接和负头等不利构造，容易产生杆端弯矩。但地线支架变形实际发生在斜材 560～570 节和主材 540～560 节和 560～580 节上，此处应力比相对较低、构造简单。由此可知，地线支架的变形是由斜材引起，斜材 560～570 节首先发生屈曲，失去对主材 540～560 节和 560～580 节的有效支撑，同时改变了力的传递途径，引起了主材轴力的增大，主材屈服失效，并发生了一定的扭转，导致节点板屈服，最终地线支架变形。由此可见，地线支架破坏的直接原因是出现了较大纵向不平衡张力。

综上所述，该异常发生的原因是异常段位于高山、风口区域，其间大风天气持续较长，造成地线支架长时间承受较大纵向不平衡张力，从而导致地线支架弯曲变形。

3 处理措施

3.1 加长 OPGW 悬垂串长

针对上述原因分析，现场采取增长 OPGW 悬垂串长度，减小地线支架的不平衡张力。运行单位对该线耐张段的OPGW悬垂串实施加长措施，在满足电气间隙安全距离的要求下，使其悬垂串长度达到设计给出的0.7m。

3.2　扩大地线支架补强范围

鉴于该耐张段处于微地形、微气象区，根据地形情况，对耐张段内较高地势的杆塔地线支架同时进行加强改造，防止地线支架变形情况再次发生。

3.3　加装在线监测装置

本次地线支架破坏的主要原因是微气象、微地形引起。设计单位在初设阶段，必须全面考虑特殊区段地形、地貌、微气象等综合因素，对塔材及塔型做出严谨的选择，此外该异常段位于山区，山大沟深，交通条件差，运行维护工作困难，该地区微气象情况未有详细观测记录。因此，可在异常段装设微气象、覆冰、风偏、视频等在线监测设备，获取线路较长期的气象和运行状况等数据资料，进行资料积累，然后有针对性地进行原因分析和改造工作。

【10－7】次档距振荡

1　异常基本信息

1.1　异常信息

2008年11月，在750kV××线竣工验收过程中，发现线路140～143号共计3档分裂导线次档距振荡严重，引起了子导线鞭击，如图10－7－1所示，正常六分裂导线情况如图10－7－2所示。此外在冬季线路巡视中，工作人员发现其他线路也存在次档距子导线振荡现象。

图10－7－1　子导线鞭击

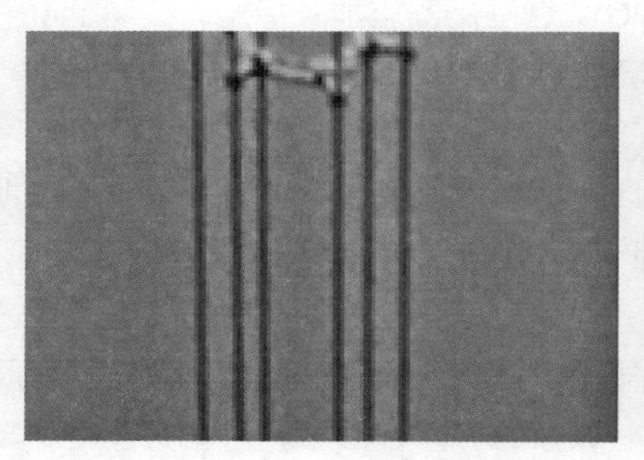

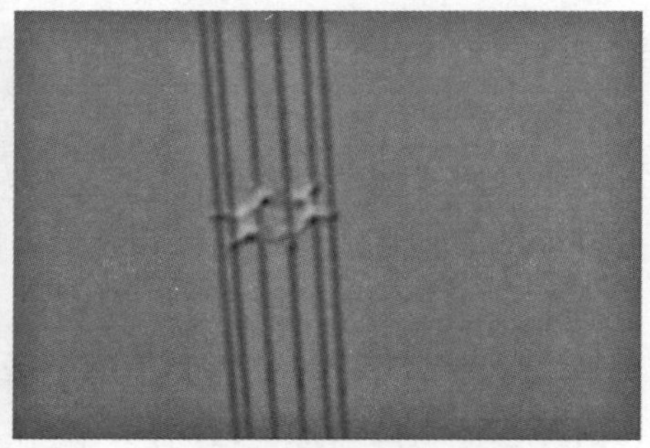

图 10－7－2　正常六分裂导线

1.2　异常段设备概况

140～143 号段采用 FJZ－640/400 型防晕阻尼式间隔棒，线路设计气象条件为：覆冰 10mm、风速 30m/s。异常段线路相关设计参数详见表 10－7－1。

表 10－7－1　　异常段线路设计参数表

塔号	塔型	呼称高（m）	档距（m）	间隔棒安装情况
140	ZB118	42	413	37、59、49、69、55、53、57、34
			387	39、64、58、71、55、65、36
141	ZB118	37		
			415	35、61、53、65、59、51、59、33
142	ZB118	42		
			524	39、67、59、72、59、72、56、66、36
143	ZB318	41		
			435	39、65、55、60、62、59、57、38

1.3　运行工况

140～143 号段所处地理环境为半沙化戈壁滩，地形相对开阔，少屏蔽物，空气流动阻力小，海拔在 1000～1100m。该段耐张段平断面如图 10－7－3 所示。

2　原因分析

2.1　风的影响

均匀稳定的风是引起分裂导线次档距振荡的基本因素。一方面，分裂导线振动需要一定的能量，一般次档距振荡多发生在 7～20m/s 风速且风力方向与线路夹角在 45°以上的区域。另一方面，要维持分裂导线的持续振动，振动频率

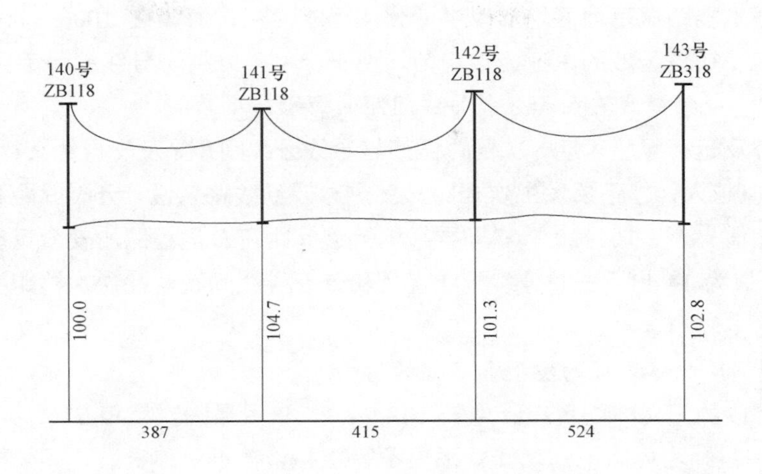

图 10-7-3 140～143 号耐张段平断面

必须相对稳定，即要求风速具有一定的均匀性，如风速不规则大幅度变化时，导线不会形成持续的振动，甚至不会发生振动。影响风速均匀性的因素有风速的大小、导线悬挂点高度、档距、风向和地貌等。如果档距增大，则为了保证对地距离，导线悬挂点必须增高；离地面越高，风速受地貌的影响越小，均匀性越好。在平原开阔地区的观察结果表明，当风向和线路方向呈 45°～90° 夹角时，导线产生稳定振动；30°～45° 时，振动稳定性较小；夹角小于 20° 时，基本上很少出现振动。

140～143 号发生次档距振荡时候，现场所采集的外界气候、地形等因素参数见表 10-7-2。从中可以得出，均匀的风力且风向导线夹角是 60°，是该异常段产生次档距振荡的重要因素之一。

表 10-7-2　　现场所采集的外界气候、地形等因素参数

塔号	风向与导线夹角（°）	最大风速（m/s）	平均风速（m/s）	地形	振动强度
140～141	60	16.4	8.7	半沙化戈壁滩	强
141～142	60	21.4	12.7	半沙化戈壁滩	强
142～143	60	24.2	14.4	半沙化戈壁滩	强

2.2 地形地貌的影响

导线次档距振荡地区地形以半沙化戈壁滩为主，海拔在 1000～1100m，该地形地貌使得该区域的风速比较均匀，便于产生并维持子导线的稳定振动。

2.3 分裂导线直径和分裂导线间距的影响

研究及运行经验表明，次档距振荡与导线分裂间距 s 及子导线直径 d 有关，s/d 的比值越大，越不易发生次档距振荡。对架空线路来说，分裂间距和子导线直径的比值 s/d 在 10～20 选取子导线的分裂间距可满足线路的安全运行。本异常段 s/d 值为 14.48，表明分裂导线直径和分裂导线间距对此次次档距振荡异常现象的影响较小。

2.4 间隔棒装置的类型和位置的影响

异常段的间隔棒配置统计见表 10－7－3，该段最大次档距 72m，平均次档距 66m。线路均为阻尼间隔棒，采用不等距和整档不对称安装，间隔棒最大平均次档距和最大次档距统计在表 10－7－3 中。根据抑制次档距振荡的经验，西北 750kV 导线最大次档距取 66m。因此，对比分析表 10－7－1 和表 10－7－3 中数据，该条线路的最大次档距值总体偏大，这是导致次档距振荡发生概率增大的主要原因之一。

表 10－7－3　异常段间隔棒配置统计表

导线型式	s/d（分裂间距/子导线直径）	平均次档距（m）	最大次档距（m）
6×LGJ-400/50	14.48	66	72

综上所述，造成次档距振荡的主要原因是开阔平坦的地形、均匀的大风且风向与线路走向夹角为 60°和区段间隔棒次档距过大。

3 处理措施

3.1 现场处理措施

通过停电加装 FJZ－640/400 型间隔棒和优化布置异常段间隔棒距离，140～143 号档最大平均次档距由 72m 减少到 50m，平均次档距也由 66m 减少至 42.3m，振荡段线路改造后次档距分布情况见表 10－7－4。对间隔棒安装距离优化布置后，可吸收次档距振荡产生的能量，减少了导线振荡的能量，从而抑制了子导线间的鞭击。

表 10-7-4　　振荡段线路改造后次档距分布情况

塔号	140～141号	141～142号	142～143号
档距（m）	387	415	524
次档距分布（m）	22、42、46、37、50、35、47、40、44、24	22、41、38、45、35、50、36、44、38、42、24	22、43、46、40、48、38、50、39、47、41、44、42、24
平均次档距（m）	43	41.5	43.7
最大次档距（m）	50		

3.2 预防措施

超高压架空输电线路对导线稳定性要求很高，而通常由于线路距离较长，其路径地表和气候条件往往较为复杂，通过结合现场实际总结归纳，有如下的预防措施：

（1）加装间隔棒。加装间隔棒的目的是减小平均次档距长度，因为同样导线和分裂间距下，振荡振幅与次档距长度成正比。加装间隔棒后可以减少分裂导线振荡所产生的能量和增加间隔棒吸收的能量，从而将次档距振荡抑制在安全限度内。

（2）选用阻尼性较好的间隔棒。分裂导线采用的间隔棒按照其工作特性，大致可以分为两类：刚性间隔棒和阻尼间隔棒。振动时子导线间有相对位移，阻尼间隔棒在间隔棒活动关节处有橡胶材料，可消耗导线的振动能量，能有效抑制振动。因此在次档距振荡频发区域应选用阻尼性较好的间隔棒。

（3）加护线条。为防止架空线在悬点处因振动而损坏，可采取加护线条措施。护线条可使架空线在线夹附近处的刚度加大，从而抑制架空线的振动弯曲，减少导线的弯曲应力、挤压应力和磨损，提高导线的耐振能力。

此外，在已发生次档距振荡的线路区段，可安装导线振荡在线监测系统、远程可视监控系统以及线路微型气象站，实时收集风速、风向、温度、湿度，以及导线振荡频率、振幅等数据，监控现场振荡情况。可根据收集的数据进一步研究 750kV 线路分裂导线次档距振荡的机理。同时，应增加大风天气情况下的特殊巡视次数，及时发现异常并安排处理。

参 考 文 献

[1] GB 50545—2016. 110kV～750kV 架空输电线路设计技术规范 [S]. 北京：中国计划出版社，2010.

[2] GB/T 13934—2006 电力硫化橡胶或热塑性橡胶屈挠龟裂和裂口增长的测定 [S]. 北京：中国标准出版社，2006.

[3] DL/T 376—2010 电力复合绝缘子用硅橡胶绝缘材料通用技术条件 [S]. 北京：中国电力出版社，2010.

[4] 国家电网公司运维检修部. 架空输电线路地质灾害防治工作手册 [M]. 北京：中国电力出版社，2017.

[5] 国家电网公司运维检修部. 输电线路“六防”工作手册 防冰害 [M]. 北京：中国电力出版社，2015.

[6] 国家电网公司运维检修部. 输电线路“六防”工作手册 防风害 [M]. 北京：中国电力出版社，2015.

[7] 浙江省电力公司. 输电线路绝缘子运行技术手册 [M]. 北京：中国电力出版社，2002.

[8] 卢明，龚政雄，严有祥，等. 输电线路运行典型故障分析 [M]. 北京：中国电力出版社，2014.

[9] 张梁，张业成，罗元华，等. 地质灾害灾情评估理论与实践 [M]. 北京：地质出版社，2006.

[10] 李智毅，杨裕云. 工程地质学盖伦 [M]. 武汉：中国地质大学出版社，1994.

[11] 姜辉，连晓新. 浅谈输电线路覆冰及导线防覆冰技术 [C]. 中国电力企业联合会，2009.

[12] 蒋兴良，张丽华. 输电线路防覆冰技术及方法 [C]. 中国电机工程学会输电专委会运行分专委会年会，2000.

[13] 吴学忠. 输电线路风偏故障分析与防范 [J]. 科技创新与应用，2013 (26)：151.

[14] 孙永成，沈辉. 超高压输电线路风偏故障及防范措施分析 [J]. 电力科技，2014，30：186.

[15] 朱映洁，林方新. 跳线风偏闪络原因分析及预防措施研究 [J]. 南方能源建设，2016，3 (2)：77－81.

[16] 祝永坤，刘福巨，江柱. 微地形微气象地区输电线路风偏故障分析及防范措施 [J]. 内蒙古电力技术，2014，32 (2)：11－14.

[17] 洪延风，楼晓岩，赵亚平. 500kV 昌房紧凑型线路避雷线磨损的分析与处理 [J]. 高电压技术，2004，30 (4)：127－128.

[18] 宿志一，赵辅，李季. 1990 年华北大面积污闪事故分析与对策 [J]. 电网技术，1991 (1): 1-6.

[19] 周建国. 华东电网 500kV 大面积污闪的反措探讨 [J]. 华东电力，1991 (1): 24-26.

[20] 崔江流. 2001 年初东北、华北和河南电网大面积污闪事故分析 [J]. 电力设备，2001，2 (4): 6-20.

[21] 高海峰. ±500kV 高肇直流线路绝缘子积污特性对比分析 [J]. 高电压技术，2010，36 (3): 672-677.

[22] 张志劲，黄海舟，蒋兴良，等. 交流输电导线覆冰增长及临界防冰电流的试验研究[J]. 高电压技术，2012 (02): 469-475.

[23] 曾梦川，谭世伟. 地震作用对山区输电线路塔位稳定性影响 [J]. 中国新技术新产品，2011 (09): 77-78.

[24] 刘东燕，候龙，伍川生，等. 美国地质灾害防治现状综述 [J]. 中国地质灾害与防治学报，2011，22 (2): 119-124.

[25] 刘宇艳，万志敏，田振辉. 橡胶复合材料断裂力学疲劳研究进展 [J]. 高分子材料科学与工程，1999，15 (6): 14-16.

[26] 姜福泗，线夹船体凸轴的磨损及预防对策分析 [J]. 中国电力，1996，29 (8): 19-22.

[27] 丁智平，陈吉平，宋传江，等. 橡胶弹性减振元件疲劳裂纹扩展寿命分析 [J]. 机械工程学报，2010，46 (22): 58-64.

[28] 田振辉，谭惠丰，谢礼立. 橡胶复合材料疲劳破坏特性 [J]. 复合材料学报，2005，22 (1): 32-35.

[29] 司马文霞，杨庆，吴亮，等. 平板模型沿面工频沙尘闪络特性的试验研究及放电机制分析 [J]. 中国电机工程学报，2010，30 (1): 6-13.

[30] 朱正一，贾志东，马国祥，等. 强风区 750kV 复合绝缘子伞裙破坏机制分析研究[J]. 中国电机工程学报，2014，34 (6): 947-954.

[31] 陈启银. 悬垂线夹磨损引发的架空避雷线掉线及防范[J]. 电力安全技术，2004，6(4): 32.

[32] 陶光明. 500kV 元董线 XGU-3 型线夹磨损情况分析 [J]. 东北电力技术，1994 (9): 32-36.

[33] 张学哲，林立新，袁利红. 浅析山区输电线路悬垂线夹的磨损 [J]. 华北电力技术，2000 (1): 29-31.

[34] 鲍明正. 架空输电线路风偏故障原因分析及预防措 [J]. 电力设备，2016，14.

[35] 孙玉堂. 耐磨悬垂线夹的试验研究 [J]. 电力金具，2001 (2): 3-7.